COLLECTION ASTROPHYSIQUE

Les Clouds (Volume II)

Jose Ruiz Watzeck

WATZECK HOME STUDIUS DIGITAL

TABLE DES MATIÈRES

PRÉFACE

Cher lecteur,

C'est avec une grande satisfaction que je vous présente le deuxième volume de la Collection d'astrophysique - Comme les nébuleuses, dans ce livre, nous aborderons un sujet très intrigant en astronomie. Tout au long de ce livre, nous chercherons à comprendre ce que sont les nébuleuses et leur importance scientifique et astronomique.

L'histoire de la découverte et des études sera abordée dans cet ouvrage. Nous examinerons également les caractéristiques chimiques et physiques des étoiles, y compris la présence de neige cosmique, de poussière interstellaire, de molécules organiques et d'autres éléments chimiques.

La motivation pour écrire ce deuxième livre est venue de ma propre fascination pour le sujet et de la perception que beaucoup de gens ignorent la grande quantité d'informations que les nébuleuses nous offrent sur la formation et l'évolution de l'univers.

J'espère que ce livre pourra apporter une vision plus large et plus profonde du sujet, et susciter en vous, lecteur, le même charme que je ressens pour ce sujet très important et stimulant qu'est l'astronomie.

Cordialement, *José Ruiz Watzeck*

INTRODUCTION

Les nébuleuses sont des objets célestes fascinants qui intriguent et inspirent les gens depuis des temps immémoriaux. Cependant, ce n'est que récemment que nous avons commencé à mieux comprendre le rôle que jouent les nébuleuses dans l'univers. En fait, nous savons aujourd'hui qu'ils sont non seulement beaux, mais aussi extrêmement importants pour l'astronomie et la compréhension de l'univers.

Une nébuleuse est un nuage de gaz et de poussière cosmique, généralement trouvé dans les régions de formation d'étoiles. Ces nuages peuvent être énormes, s'étendant sur des milliers d'années-lumière, et sont principalement constitués d'hydrogène, d'hélium et d'autres gaz. L'apparence des nébuleuses peut varier en fonction de la composition, de la densité et de la température des nuages.

L'importance des nébuleuses pour l'astronomie est multiforme. Premièrement, les nébuleuses nous donnent des informations précieuses sur la formation des étoiles et l'évolution de l'univers. Comme ces nuages sont les pépinières d'étoiles, leur étude est extrêmement importante pour la science.

CHAPITRE 1 : QUE SONT LES NÉBULEUSES ?

Les nébuleuses sont des nuages de poussière et de gaz dans l'espace interstellaire. Ils sont composés principalement d'hydrogène et d'hélium, ainsi que de petites quantités d'autres éléments. Les nébuleuses peuvent varier en taille de quelques fois la taille de notre système solaire à plusieurs centaines d'années-lumière de diamètre.

Les astronomes ont identifié plusieurs types, y compris les nébuleuses à émission, les nébuleuses à réflexion et les nébuleuses sombres. Les nébuleuses à émission se caractérisent par leur couleur rougeâtre, qui est produite par des atomes d'hydrogène ionisés. Les nébuleuses par réflexion apparaissent bleues parce que la lumière des étoiles proches se reflète sur la poussière de la nébuleuse. Les nébuleuses sombres sont des régions denses de poussière qui bloquent complètement la lumière des étoiles derrière elles.

Les nébuleuses sont importantes pour l'astronomie car ce sont les endroits où se forment les étoiles. Les grands nuages moléculaires à l'intérieur des nébuleuses commencent à se contracter sous l'influence de la gravité, formant éventuellement des protoétoiles puis des étoiles. Sans nébuleuses, il n'y aurait pas d'étoiles ou de systèmes planétaires, y compris notre propre système solaire.

Les nébuleuses sont également importantes car elles fournissent des indices sur l'histoire de l'univers. La composition chimique des nébuleuses reflète la composition des étoiles qui les ont formées, permettant aux astronomes d'étudier l'évolution chimique de l'univers au fil du temps.

une nébuleuse à émissionc'est un nuage de gaz ionisé qui émet de la lumière de différentes couleurs. La source d'ionisation la plus courante dans ces nébuleuses est constituée de photons de haute énergie émis par une étoile chaude proche. Parmi les différents types de nébuleuses à émission se trouvent les régions H II, où se forme la formation d'étoiles et où les jeunes étoiles massives sont la source de ces photons.

Habituellement, une jeune étoile ionisera une partie du même nuage dans lequel elle est née. Seules les grandes étoiles chaudes peuvent libérer la quantité d'énergie nécessaire pour ioniser une partie importante du nuage. Souvent, un tel travail est effectué par tout un groupe de jeunes stars.

La couleur de la nébuleuse dépend de sa composition chimique et de la quantité d'ionisation. En raison de la forte prévalence d'hydrogène dans le gaz interstellaire et de ses besoins énergétiques relativement faibles, de nombreuses nébuleuses à émission sont rouges. Si plus d'énergie est disponible, d'autres éléments peuvent être ionisés et alors les couleurs vert et bleu apparaîtront. En examinant le spectre d'une nébuleuse, les astronomes peuvent en déduire son contenu chimique. La plupart des nébuleuses à émission contiennent environ 90% d'hydrogène, les 10% restants étant de l'hélium, de l'oxygène, de l'azote et d'autres éléments.

Certaines des nébuleuses à émission les plus impressionnantes visibles depuis l'hémisphère nord sont la nébuleuse de la lagune (M8) et la nébuleuse d'Orion (M42).

la nébuleuse par réflexionC'est un type de nébuleuse composée de poussière interstellaire qui réfléchit la lumière des étoiles proches. Contrairement aux nébuleuses à émission, les nébuleuses à réflexion n'émettent pas leur propre lumière, mais réfléchissent plutôt la lumière des étoiles proches, leur donnant une teinte bleutée.

Ces nébuleuses se trouvent généralement près d'étoiles jeunes et chaudes, car la lumière de ces étoiles est suffisamment intense pour éclairer la poussière environnante. La poussière réfléchit alors cette lumière, créant une nébuleuse d'aspect bleuté.

L'une des nébuleuses à réflexion les plus connues est la nébuleuse M78, située dans la constellation d'Orion. Cette nébuleuse est visible à l'œil nu dans les endroits peu pollués par la lumière.

Les nébuleuses par réflexion sont importantes pour l'astronomie car elles peuvent être utilisées pour étudier les propriétés des étoiles proches d'elles, telles que leur luminosité, leur température et leur composition chimique. De plus, l'analyse de la lumière réfléchie par les nébuleuses peut fournir des informations sur la composition et la distribution des poussières interstellaires.

Ils sont souvent bleus car la diffusion est plus efficace en lumière bleue qu'en lumière rouge (c'est le même processus qui donne au ciel sa couleur bleue et les teintes rouges des couchers de soleil).

Les nébuleuses par réflexion et les nébuleuses par émission sont souvent observées ensemble et sont parfois appelées nébuleuses diffuses. Un exemple de ceci est la nébuleuse d'Orion.

Environ 500 nébuleuses par réflexion sont connues. L'une des nébuleuses à réflexion les plus connues est celle qui entoure les étoiles des Pléiades. Une nébuleuse à réflexion bleue peut également être vue dans la même zone du ciel que la nébuleuse Trifide.

L'étoile géante Antarès, (classe spectrale M1), est entourée d'une grande nébuleuse à réflexion rouge. Les nébuleuses par réflexion sont souvent des sites de formation d'étoiles.

les nébuleuses sombres Ce sont des formations célestes composées de nuages denses de poussières et de gaz interstellaires qui bloquent la lumière des étoiles situées derrière eux. Elles sont également connues sous le nom de nébuleuses à absorption, car la lumière des étoiles est absorbée par la poussière présente dans les nuages, obscurcissant ces zones sur fond de ciel étoilé.

Ces nébuleuses sont importantes pour l'astronomie, car elles aident les scientifiques à comprendre la formation et l'évolution des étoiles. Les nuages de poussière et de gaz dans les nébuleuses sombres sont l'endroit où les étoiles se forment, car la gravité présente dans ces régions est suffisante pour comprimer la matière et démarrer le processus de formation des étoiles.

Grâce à l'étude des nébuleuses sombres, les astronomes peuvent identifier les zones de l'univers où se déroulent les processus de formation d'étoiles, ainsi qu'étudier les propriétés physiques de ces régions, telles que la densité, la température et la composition chimique. De plus, la poussière présente dans ces nébuleuses est chargée d'absorber et de diffuser la lumière des étoiles, ce qui permet de réaliser des études sur la composition de l'univers et d'identifier des objets célestes lointains.

En raison de leur importance en astronomie, les nébuleuses sombres sont fréquemment étudiées et observées par les astronomes. Parmi les nébuleuses sombres les plus connues, on peut citer la nébuleuse de la tête de cheval, située dans la constellation d'Orion, et la nébuleuse de la comète, dans la constellation d'Ophiuchus.

Il est important de noter que les nébuleuses sombres ne

doivent pas être confondues avec les nébuleuses à émission, qui sont des nébuleuses lumineuses qui émettent un rayonnement électromagnétique. Les nébuleuses sombres, en revanche, sont sombres et absorbent la lumière des étoiles derrière elles.

NGC 2068 Messier 78, une nébuleuse par réflexion.

nébuleuses planétaires Ils se forment lorsqu'une étoile semblable au Soleil approche de la fin de sa vie et manque de combustible nucléaire dans son noyau. Ce processus conduit à une série de transformations au cours desquelles l'étoile perd ses couches externes dans un vent stellaire pouvant atteindre des vitesses impressionnantes allant jusqu'à 1 000 km/s, formant un nuage de gaz, de plasma, de gaz ionisé et de poussière autour de l'étoile centrale…

Ce nuage, qui ressemble à une planète géante en forme d'anneau ou de bulle lorsqu'il est vu à travers un télescope. Malgré leur nom évocateur, ces objets astronomiques n'ont rien à voir avec de vraies planètes.

Les nébuleuses planétaires sont relativement rares et se trouvent généralement dans des galaxies plus anciennes comme la Voie lactée. Ces processus sont importants pour le recyclage des matériaux dans la galaxie, car le gaz et la poussière éjectés de l'étoile centrale pourraient former de nouvelles étoiles et planètes à l'avenir.

L'étude des nébuleuses planétaires est importante pour comprendre l'évolution stellaire et la dynamique des galaxies. Les astronomes utilisent ces objets comme laboratoires naturels pour tester des modèles théoriques d'évolution stellaire et pour comprendre comment les étoiles vieillissent et meurent. Une autre information cruciale pour la science est la condition qu'elles nous donnent pour pouvoir mesurer les distances entre une galaxie et une autre.

Du prisme visuel, elles sont un spectacle à voir, avec leurs couleurs vibrantes et leurs formes complexes, la forme de chaque nébuleuse planétaire est unique en fonction de la masse et de l'âge de l'étoile centrale, ainsi que de la façon dont le vent stellaire interagit avec le interstellaire. moitié. . Certaines nébuleuses planétaires sont rondes, tandis que d'autres ont la forme d'un papillon, d'un loup ou d'une spirale.

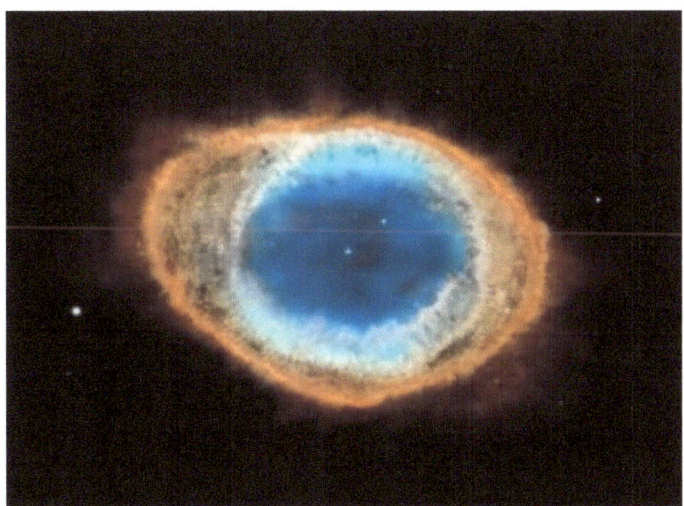

La nébuleuse de l'hélice. Crédit : NASA, ESA et CR O'Dell.

La nébuleuse du crabe, un vestige de supernova.
Crédit : NASA, ESA.

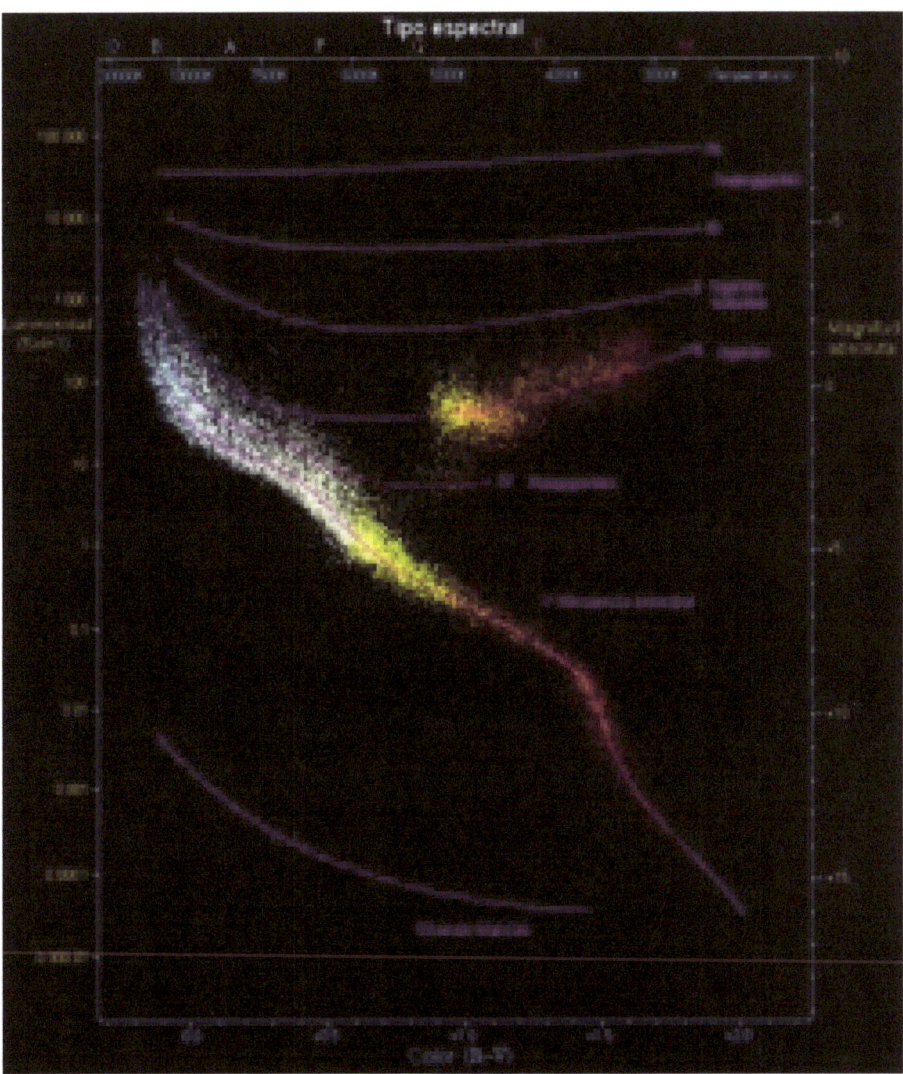

Diagramme de Hertzsprung-Russell. Les étoiles sont sur la séquence principale pendant la majeure partie de leur existence. Enfin, lorsque l'hydrogène commence à s'épuiser, elles deviennent des géantes rouges (en haut à droite). Enfin, si l'étoile est comprise entre 1 et 8 masses solaires environ, elle devient une naine blanche (ci-dessous), de très petit rayon, et génère une nébuleuse planétaire.

CHAPITRE 2 : LE PILIERS DE LA CRÉATION

La nébuleuse des Piliers de la Création est un objet céleste situé dans la constellation de l'Aigle, à environ 7 000 années-lumière de la Terre. Cette nébuleuse tire son nom de son apparence unique, qui ressemble à des panaches de fumée s'élevant dans le ciel. Découvert en 1995 par le télescope spatial Hubble, c'était l'un des objets les plus photographiés et étudiés par Hubble.

Cette nébuleuse est une pépinière stellaire, où de nouvelles étoiles se forment à partir de gaz et de poussière interstellaires. Dans une région dense, avec des colonnes de poussière et de gaz qui s'étendent sur plusieurs années-lumière, elles sont le résultat de l'action d'étoiles massives et chaudes qui se sont formées dans la nébuleuse. Ces étoiles émettent un rayonnement ultraviolet intense, créant des piliers emblématiques.

Les piliers sont composés principalement d'hydrogène, l'élément le plus abondant dans l'univers. Le rayonnement ultraviolet des étoiles chaudes ionise l'hydrogène en plasma, un processus qui crée une région brillante et chaude autour des étoiles, tandis que les zones adjacentes restent sombres et froides. , couvert de poussière. Ces zones sombres sont connues sous le nom de globes de poussière et sont l'endroit où de nouvelles étoiles se forment après des milliers d'années.

Le gaz et la poussière de ces nuages sont attirés par la gravité, formant des structures de plus en plus denses, jusqu'à ce que la pression et la température atteignent un point critique et qu'une nouvelle étoile se forme.

Image générée parTélescope spatial James Webbà partir de 2022.

Selon la NASA (National Aeronautics and Space Administration - National Aeronautics and Space Administration) les piliers n'existent plus. Nous voyons ce qu'il en était à cause de la vitesse de la lumière. Des images plus récentes prises avec le télescope spatial Spitzer ont montré un nuage chaud entourant les piliers de la création. Ce qui a suffi à beaucoup pour l'interpréter comme une onde de choc générée par une supernova. La forme du nuage suggère que lesuper nouveauil a explosé il y a environ 6 000 ans et a dévasté les trois colonnes. Compte tenu de la distance de 7 000 années-lumière de la Terre, dans 1 000 ans, l'explosion sera visible ici sur Terre. Il existe une autre théorie soutenue par d'autres astronomes, qui soutiennent que ce nuage chaud n'est rien de plus qu'une émission radio et de rayons X plus élevée que prévu de la supernova, et que la poussière aurait pu être chauffée par le vent stellaire. Si tel est le cas, les piliers de la création s'éroderont plus progressivement.

Image infrarouge prise par le télescope spatial Hubble en 2014.

CHAPITRE 3 : NÉBULEUSE DE L'HÉLICE

La nébuleuse Helix est composée principalement d'hydrogène, d'hélium et d'oxygène ionisé, et sa taille est d'environ 2,5 années-lumière de diamètre. On l'appelle une nébuleuse planétaire parce que son apparence ressemble à celle d'une planète, bien qu'elle soit en fait le résultat de la phase finale d'une étoile semblable au Soleil. Lorsqu'une étoile manque de carburant, elle commence à se débarrasser de ses couches externes de gaz, qui sont projetées dans l'espace interstellaire. Ces couches forment un nuage de gaz et de poussière qui est illuminé par le rayonnement ultraviolet de l'étoile centrale restante, créant la nébuleuse planétaire.

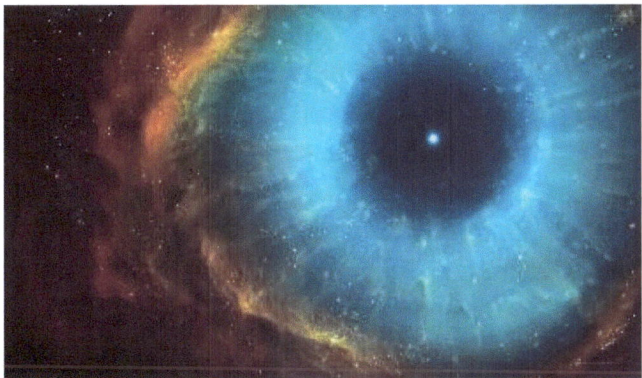

La nébuleuse de l'hélice, également connue sous le nom de nébuleuse de l'hélice, L'Hélix ou NGC 7293

La nébuleuse Helix est l'une des nébuleuses planétaires les plus brillantes du ciel nocturne, avec une magnitude apparente de 7,3. Il est facilement visible avec un petit télescope, mais sa forme et ses détails ne peuvent être vus qu'avec des instruments plus grands et plus puissants. La nébuleuse a une apparence circulaire avec un anneau central brillant entouré d'une couche diffuse de gaz et de poussière. Le centre est composé de gaz ionisé et est éclairé par l'étoile centrale restante. L'anneau est divisé en sections distinctes appelées "nodules", qui sont des zones de gaz plus brillantes et plus denses. La couche diffuse entourant l'anneau central est composée principalement de gaz et de poussières non ionisés.

NGC 7293 crédite la NASA

Les astronomes ont étudié la nébuleuse Helix à l'aide de divers instruments, dont le télescope spatial Hubble et l'Observatoire européen austral. Ces observations ont révélé de nombreux détails fascinants sur la nébuleuse, notamment sa structure tridimensionnelle, la présence de jets de gaz et la manière dont le rayonnement ultraviolet de l'étoile centrale restante ionise le gaz entourant la nébuleuse.

NGC 7293 crédite la NASA

CHAPITRE 4 : NÉBULEUSE DU CRABE

La nébuleuse du crabe est un objet céleste situé dans la constellation du Taureau, également connue sous le nom de Messier 1, NGC 1952 et Taurus A. C'est un vestige de supernova et une nébuleuse du vent pulsar. Sa découverte a eu lieu en 1731 par John Bevis et son origine remonte à la brillante supernova SN 1054, enregistrée par les astronomes chinois et arabes en 1054.

D'un diamètre de 11 années-lumière et située à environ 6 500 années-lumière de la Terre, la nébuleuse est la source la plus intense de rayons X et de rayons gamma pour des énergies supérieures à 30 KeV, avec un flux d'énergie lumineuse supérieur à 10^{12} eV. Il se développe constamment à une vitesse d'environ 1 500 kilomètres par seconde.

Au centre de la nébuleuse se trouve le Crab Pulsar, une étoile à neutrons qui émet des impulsions périodiques de rayonnement couvrant presque tout le spectre électromagnétique. D'un diamètre compris entre 28 et 30 kilomètres, cette étoile tourne à une fréquence de 30,2 fois par seconde, ce qui équivaut à une période de seulement 33 millisecondes. Ce pulsar a été le premier objet astronomique associé à une explosion de supernova.

La nébuleuse du Crabe est utilisée comme source de rayonnement pour l'étude d'autres corps célestes qui la cachent. Par exemple, dans les années 1950 et 1960, la couronne solaire a été cartographiée à partir d'observations d'ondes radio provenant de la nébuleuse la traversant. En 2003, l'épaisseur de l'atmosphère de Titan, le satellite de Saturne, a été mesurée, bloquant les rayons X de la nébuleuse par l'atmosphère du satellite.

L'astronome John Bevis a découvert le reste de la supernova en 1731 et l'a inclus dans son atlas d'étoiles, intitulé Uranographia Britannica. Plus tard, le 28 août 1758, l'astronome français

Charles Messier l'a pris pour une comète faiblement brillante en attendant le retour de la comète de Halley, mais l'a rapidement répertorié comme la première entrée de son célèbre catalogue après avoir confirmé que l'objet n'avait pas de mouvement propre. . Cette découverte a conduit Messier à compiler son catalogue, commençant la recherche de nouveaux objets du ciel profond à l'aide d'un télescope, pour éviter de nouvelles erreurs.

Le nom "Crab Nebula" a été donné par le comte de Rosse, William Parsons, en 1844, en raison de la ressemblance de l'objet avec l'animal dans son croquis. Bien que l'astronome William Herschel ait affirmé à tort que la nébuleuse pouvait devenir un amas d'étoiles à l'aide de télescopes plus puissants, Messier et l'astronome allemand Johann Elert Bode ont correctement affirmé que l'objet était une nébuleuse gazeuse. Le fils de Herschel, John Herschel, et l'astronome anglais William Lassell ont également affirmé à tort avoir observé les étoiles individuelles dans le "groupe possible".

A la fin du 19ème siècle, les premières photographies spectroscopiques ont révélé la nature gazeuse de la nébuleuse. Sa première photographie a été prise en 1892 à l'aide d'un télescope de 20 pouces. Les premières investigations scientifiques de son spectre ont été menées entre 1913 et 1915 par l'astronome américain Vesto Melvin Slipher, qui a conclu que les raies du spectre d'émission étaient déviées et divisées en raison de l'effet Doppler : des parties de la nébuleuse se sont rapprochées de la Terre, tandis que d'autres sont partis. Roscoe Frank Sanford a découvert que le spectre se composait de deux parties principales : la première composante, le rouge, forme un réseau chaotique de filaments brillants, dont les raies spectrales s'apparentent à des nébuleuses diffuses ou planétaires.

La deuxième composante, bleue, forme le reste de la nébuleuse et ne montre pas de raies spectrales proéminentes.

Crédit image : NASA/ESA

L'astronome Heber Doust Curtis a classé la nébuleuse du crabe comme une nébuleuse planétaire, sur la base de photographies prises à l'observatoire de Lick. Plus tard, Carl Otto Lampland a noté des mouvements et des changements de luminosité remarquables dans les composants individuels de la nébuleuse en comparant des photographies de haute qualité prises en 1921 à l'aide de son télescope réfracteur de 42 pouces à l'observatoire Lowell. John Charles Duncan a découvert que la nébuleuse se dilatait à un taux de 0,2 degré par seconde par an en comparant des photographies prises sur une période de 11,5 ans à l'observatoire du mont Wilson, et a conclu que l'expansion de la nébuleuse avait commencé environ 900 ans plus tôt. L'astronome suédois Knut Lundmark a également noté la proximité chronologique de l'expansion de la nébuleuse avec la supernova 1054 en 1921.

Des études ultérieures ont conclu que la supernova qui a créé la nébuleuse du Crabe s'est probablement produite en avril ou début mai 1054, ayant atteint sa luminosité maximale en juillet, avec une magnitude apparente comprise entre -7 et -4,5, plus brillante que toutes les autres étoiles. autres corps célestes dans le ciel nocturne. , sauf la Lune. La supernova était visible à l'œil nu pendant environ deux ans après sa première observation. Grâce aux observations enregistrées par des astronomes chinois et arabes en 1054, la nébuleuse du Crabe est devenue le premier objet astronomique reconnu associé à une explosion de supernova.

La nébuleuse du Crabe présente une masse ovale de filaments visibles en lumière visible, avec un diamètre angulaire d'environ 6x4 minutes d'arc, entourant une région bleue diffuse centrale. A titre de comparaison, le diamètre angulaire de la pleine lune est de 30 minutes d'arc. On pense que la nébuleuse a la forme d'un sphéroïde allongé en trois dimensions, bien qu'il n'y ait aucune source pour confirmer cette spéculation.

Les filaments observés sont des vestiges de l'atmosphère de l'étoile mère et se composent principalement d'hélium et d'hydrogène ionisés, ainsi que de carbone, d'oxygène, d'azote, de fer, de néon et de soufre. La température des gaz dans ces filaments varie entre 11 000 et 18 000 kelvins et leur densité est d'environ 1 300 particules par centimètre cube.

En 1953, le scientifique russe Iosif Shklovsky a proposé que la région bleue diffuse soit produite par le rayonnement synchrotron, qui est un rayonnement émis par le mouvement curviligne des électrons à des vitesses proches de la vitesse de la lumière. Trois ans plus tard, cette hypothèse a été confirmée par les observations. Dans les années 1960, on a découvert que l'origine des trajectoires courbes des électrons était due au fort champ magnétique produit par une étoile à neutrons située au centre de la nébuleuse.

Le pulsar du crabe. Cette image combine des informations optiques de lahubble(en rouge) et des images derayons Xde laObservatoire de rayons X Chandra(en bleu).

La distance de la nébuleuse du Crabe à la Terre est un sujet qui génère encore des incertitudes en raison des grandes variations trouvées dans les méthodes utilisées pour son calcul. La nébuleuse fait l'objet d'une grande attention de la part des astronomes, qui observent sa lente expansion au fil des ans. En comparant l'expansion angulaire observée dans le ciel et la vitesse d'expansion déterminée par analyse spectroscopique, il est possible d'estimer plus précisément la distance de la nébuleuse par rapport à la Terre.

En 1973, une étude prenant en compte plusieurs méthodes a conclu que la distance de la nébuleuse à la Terre était de 6 300 années-lumière. Des estimations plus récentes indiquent une distance de $(6,5 \pm 1,8) \times 10^3$ années-lumière, ce qui équivaut à $(2,0 \pm 0,5)$ kpc. De plus, on observe que la nébuleuse se dilate à une vitesse d'environ 1 500 kilomètres par seconde, ce qui suggère que son taux d'expansion s'est accéléré depuis l'explosion de la supernova. On pense que cette accélération est causée par l'énergie du pulsar interférant d'une manière ou d'une autre avec le champ magnétique de la nébuleuse, forçant ses filaments dans le vide. La quantité de matière contenue dans les filaments de la nébuleuse est estimée à $(4,6 \pm 1,8)$ masses solaires, et l'un de ses composants les plus notables est un tore riche en hélium, visible sous la forme d'une bande est-ouest. . traversant la région des pulsars.

Au cœur de la nébuleuse se trouvent deux étoiles pâles, dont l'une est responsable de son existence. En 1942, Rudolf Minkowski découvrit que le spectre optique de l'étoile était extrêmement inhabituel. En 1949 et 1963, la région autour de l'étoile s'est avérée être une source intense d'ondes radio et de rayons X, respectivement. En 1967, l'étoile centrale a été identifiée comme l'un des objets les plus brillants du ciel en rayons gamma, et l'année suivante, l'étoile s'est avérée émettre son rayonnement par impulsions rapides, ce qui en fait l'un des premiers pulsars découverts.

Les pulsars sont des sources de rayonnement électromagnétique intense, émis en impulsions courtes extrêmement régulières. Lorsqu'ils ont été découverts en 1967, ils étaient un grand mystère, et l'équipe qui les a identifiés a envisagé la possibilité que l'objet puisse être le signe d'une civilisation avancée. Cependant, la découverte d'une source radio pulsante au centre de la nébuleuse était une preuve solide que les pulsars étaient formés par des explosions de supernova. Ils sont maintenant compris comme des étoiles à neutrons, dont le champ magnétique intense concentre leurs émissions de rayonnement dans des faisceaux étroits à leurs pôles magnétiques.

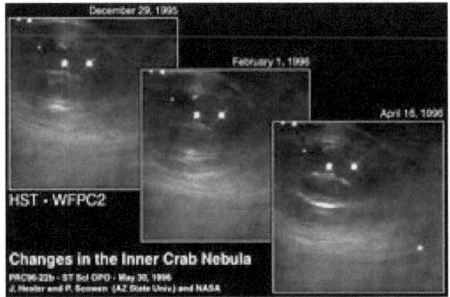

La séquence d'images du télescope spatial Hubble montre des caractéristiques à l'intérieur de la nébuleuse du crabe changeant sur une période de quatre mois. Crédit : NASA/ESA.

L'étoile à neutrons connue sous le nom de pulsar du crabe mesure environ 28 à 30 km de diamètre et émet des impulsions de rayonnement à des longueurs d'onde couvrant tout le spectre électromagnétique, des ondes radio aux rayons gamma. Sa période de rotation diminue progressivement et il subit parfois des changements soudains appelés "glitchs", provoqués par un réalignement soudain de la masse de l'étoile à neutrons. Lorsque le pulsar ralentit, l'énergie libérée est énorme, provoquant une plus grande émission de rayonnement synchrotron, qui a une luminosité totale d'environ 75 000 fois celle du Soleil.

Le flux extrême d'énergie du pulsar crée une région inhabituellement dynamique au centre de la nébuleuse, où les changements sont visibles sur des échelles de temps de quelques jours. La partie interne de la nébuleuse montre des changements rapides et dynamiques, la caractéristique la plus dynamique étant le point où le vent pulsar rencontre le volume de la nébuleuse, formant une onde de choc. La forme et la position de cette onde de choc changent rapidement, apparaissant comme une série de points qui se focalisent, s'éclaircissent, puis s'estompent et disparaissent à mesure qu'ils s'éloignent du pulsar et du corps principal de la nébuleuse.

La nébuleuse du Crabe se situe à environ 1,5° de l'écliptique, le plan de l'orbite terrestre autour du Soleil. En conséquence, la Lune et, en de rares occasions, les planètes peuvent transiter ou obscurcir la nébuleuse. Bien que le Soleil ne puisse pas transiter par la nébuleuse, sa couronne passe devant elle. Ces événements astronomiques sont utilisés pour analyser à la fois la nébuleuse et l'objet qui passe devant elle, en observant comment le rayonnement de la nébuleuse est modifié par l'objet qui passe.

L'utilisation des transits lunaires a permis de cartographier les émissions de rayons X de la nébuleuse. Avant le lancement des satellites d'observation de rayons X, tels que l'observatoire de rayons X de Chandra, les observations de rayons X avaient généralement une très faible résolution angulaire. Cependant, lorsque la Lune passe devant la nébuleuse, la position de la source de rayons X est parfaitement déterminée, ce qui permet de créer des cartes d'émission de rayons X de l'objet. Lorsque les rayons X ont été observés pour la première fois dans la nébuleuse, dans les années 1960, une occultation lunaire a été utilisée pour déterminer l'emplacement exact de leur source.

La couronne solaire passe devant la nébuleuse chaque mois de juin. Les variations des ondes radio reçues de la nébuleuse à ce moment peuvent être utilisées pour déduire des informations sur la densité et la structure de la couronne. Les premières observations ont établi que la couronne s'étendait à des distances beaucoup plus grandes qu'on ne le pensait auparavant. Des observations ultérieures ont révélé que la tasse contenait des variations importantes de densité.

Image du télescope spatial Hubble d'une petite région de la nébuleuse du crabe, montrant sa structure filamentaire complexe. Crédit : NASA/ESA.

L'occultation de Saturne par la nébuleuse est un événement très rare, avec son dernier enregistrement en 1296 et le prochain pas prévu avant 2267. Les astronomes ont utilisé l'observatoire à rayons X de Chandra pour observer le satellite Titan de Saturne alors qu'il traversait la nébuleuse. Ils ont découvert que "l'ombre" des rayons X de Titan était plus grande que sa surface solide, en raison de l'absorption des rayons X dans son atmosphère. Ces observations ont montré que l'épaisseur de l'atmosphère de Titan est de 880 kilomètres. Malheureusement, le transit de Saturne lui-même n'a pas pu être observé, car Chandra traversait les ceintures de Van Allen à l'époque.

CHAPITRE 5 : NÉBULEUSE DE LA BULLE

La nébuleuse de la bulle est une région de formation d'étoiles située dans la constellation de Cassiopée, à environ 7 100 années-lumière de la Terre. Découverte en 1787 par l'astronome William Herschel, la nébuleuse est l'une des plus proéminentes et photographiées du ciel nocturne.

La nébuleuse de la bulle (NGC 7635) | Le télescope spatial Hubble

La nébuleuse tire son nom de sa forme caractéristique, qui ressemble à une bulle géante, avec une cavité centrale contenant des étoiles nouvellement formées. La nébuleuse est composée de gaz et de poussières interstellaires, qui sont chauffés par des étoiles nouvellement formées, produisant une luminosité spectaculaire.

La nébuleuse de la Bulle est un excellent laboratoire pour étudier la formation des étoiles. Au sein de la cavité centrale de la nébuleuse, il est possible d'observer plusieurs étoiles jeunes et massives, appelées étoiles O et B. Ces étoiles sont très chaudes et brillantes, émettant un rayonnement intense qui ionise le gaz de la

nébuleuse, produisant les belles couleurs qui la caractérisent. .
De plus, la nébuleuse de la Bulle est entourée de nuages de gaz et de
poussière qui s'étendent sur plusieurs dizaines d'années-lumière.
Ces nuages sont suffisamment denses pour empêcher la lumière
des étoiles de la nébuleuse de se répandre dans l'espace, faisant
apparaître la nébuleuse comme une "bulle" au milieu du gaz et de
la poussière interstellaires.

Les astronomes pensent que la nébuleuse de la Bulle continuera à
produire des étoiles pendant plusieurs millions d'années. Au fur
et à mesure que les étoiles nouvellement formées continueront
à chauffer le gaz et la poussière qui les entourent, de nouvelles
étoiles émergeront et la nébuleuse s'élargira davantage, devenant
encore plus spectaculaire.

En conclusion, la nébuleuse de la Bulle est l'une des nébuleuses
les plus impressionnantes du ciel nocturne et un excellent
laboratoire pour étudier la formation des étoiles. Avec sa forme
caractéristique et ses belles couleurs, la nébuleuse est un objet
fascinant pour les astronomes et les passionnés d'astronomie.
Au fur et à mesure que la technologie progresse, de nouvelles
découvertes sur la nébuleuse de la bulle et d'autres régions de
formation d'étoiles continueront d'être faites, nous permettant de

mieux comprendre l'origine et l'évolution des étoiles et l'univers dans lequel nous vivons.

La nébuleuse de la bulle (NGC 7635) | Le télescope spatial Hubble

CHAPITRE 6 : LA NÉBULEUSE DE LA TÊTE DE SORCIÈRE (IC 2118)

C'est l'une des nébuleuses les plus célèbres de la Voie Lactée. Il est situé dans la constellation d'Orion, à environ 800 années-lumière de la Terre. Cette nébuleuse est connue pour sa forme particulière, qui ressemble à la tête d'une sorcière avec un nez proéminent.

Télescope Hubble - IC2118

La tête de sorcière est une nébuleuse à émission, ce qui signifie que la lumière que nous voyons est émise par le gaz lui-même, plutôt que réfléchie par la lumière d'une étoile proche. Le gaz de la nébuleuse est principalement de l'hydrogène, qui brille en rouge en raison de l'énergie libérée par les électrons qui s'ionisent et se recombinent.

Image : Télescope Hubble - IC2118

La nébuleuse de la tête de sorcière est composée principalement d'hydrogène ionisé (HII), de poussière interstellaire et de jeunes étoiles chaudes à l'intérieur. La nébuleuse est une région de gaz et de poussière qui est éclairée par le rayonnement des étoiles proches, ce qui la fait briller de différentes couleurs.

L'hydrogène ionisé est le composant principal de la nébuleuse et est responsable de la couleur rouge caractéristique de la région. L'énergie libérée par les étoiles proches ionise les atomes d'hydrogène, leur faisant perdre des électrons puis se recombiner. Lorsque cela se produit, les électrons libèrent de l'énergie sous forme de lumière, qui est observée comme une lumière rouge.

En plus de l'hydrogène ionisé, la nébuleuse contient également de la poussière interstellaire, composée principalement de grains de carbone et de silicate. Cette poussière absorbe la lumière des étoiles proches et rend la nébuleuse sombre dans certaines régions.

La nébuleuse abrite également de jeunes étoiles chaudes en cours de formation. Ces étoiles sont responsables de l'ionisation de l'hydrogène et de l'émission de rayonnement qui illumine la nébuleuse.

Image : Télescope Hubble - IC2118

CHAPITRE 7 : LA NÉBULEUSE
DE L'AIGLE (M16)

La nébuleuse de l'Aigle, également connue sous le nom de M16, est l'une des nébuleuses les plus connues et les plus fascinantes de notre galaxie, la Voie lactée. Trouvé dans la constellation du Serpent, à environ 7 000 années-lumière de la Terre. Il a été découvert par l'astronome français Jean-Philippe de Chéseaux en 1745 et redécouvert plus tard par Charles Messier en 1764.

La nébuleuse de l'Aigle a une apparence très particulière, avec une région centrale brillante connue sous le nom de "Pilier de l'Aigle" entourée de nuages de poussière et de gaz où de nouvelles étoiles se forment. Le Pilastre de l'Aigle est une structure de poussière et de gaz qui s'étend sur environ 9,5 années-lumière et est souvent comparé à un « éléphant » ou à un « aigle » aux ailes déployées.

Crédits NASA/ESA

La distance entre la Terre et la nébuleuse de l'Aigle est d'environ 7 000 années-lumière, ce qui signifie que la lumière que nous voyons maintenant a quitté la nébuleuse il y a 7 000 ans. Cela nous donne un aperçu du passé lointain de notre galaxie et nous permet d'étudier comment les étoiles se sont formées et ont évolué au fil du temps.

La nébuleuse de l'Aigle est composée principalement d'hydrogène, d'hélium et de traces d'autres éléments chimiques tels que l'oxygène, l'azote et le carbone. La température moyenne de la nébuleuse est d'environ -263 degrés Celsius et elle est éclairée par de jeunes étoiles chaudes qui se forment dans le nuage.

Crédits NASA/ESA

En plus du pilier de l'Aigle, la nébuleuse de l'Aigle contient également de nombreuses autres structures intéressantes, telles que la "nébuleuse de la queue de comète", une longue queue de gaz ionisé qui s'étend à environ 10 années-lumière derrière le pilier. Il existe également plusieurs zones de formation active d'étoiles, où de jeunes étoiles massives se forment dans des nuages de gaz et de poussière.

La nébuleuse de l'Aigle a été largement étudiée par les astronomes, à l'aide de télescopes au sol et dans l'espace. Des images haute résolution de la nébuleuse, prises par le télescope spatial Hubble et d'autres télescopes, révèlent de nombreux détails fascinants sur sa structure et sa composition chimique.

Crédits NASA/ESA

CHAPITRE 8 : NGC 2736

La nébuleuse NGC 2736, également connue sous le nom de nébuleuse de la bougie, est un objet céleste fascinant situé dans la constellation de la Poupe, à environ 1 400 années-lumière de la Terre. Cette nébuleuse tire son nom de sa forme qui ressemble à une voile flottant dans l'espace.

Les caractéristiques physiques de la nébuleuse de la bougie sont impressionnantes. Elle est classée comme une nébuleuse à émission, ce qui signifie qu'elle est composée principalement de gaz ionisés incandescents tels que l'hydrogène, l'hélium, l'oxygène et l'azote. Ces gaz sont chauffés à des températures élevées par les étoiles proches, ce qui les amène à émettre un rayonnement électromagnétique visible sous forme de lumière. La coloration rougeâtre observée dans la nébuleuse est le résultat d'une émission d'hydrogène.

L'une des caractéristiques notables de la nébuleuse de la bougie est la présence de structures filamenteuses proéminentes couvrant plusieurs parsecs. Ces structures sont constituées de poussière et de gaz façonnés par des vents stellaires et des explosions de supernova. De plus, la nébuleuse abrite de petits amas d'étoiles et de jeunes étoiles, dont le rayonnement intense contribue à l'ionisation du gaz environnant.

L'âge estimé de la nébuleuse de la bougie est d'environ 11 000 ans, ce qui en fait une nébuleuse relativement jeune en termes astronomiques. Sa formation est associée à l'explosion d'une étoile massive, qui a libéré suffisamment d'énergie pour créer cette structure fascinante. Cette étoile progénitrice, connue sous le nom de Vela Supernova Remnant, se trouve au centre de la nébuleuse.

Outre les caractéristiques physiques, il est important de souligner la distance de la nébuleuse de la bougie par rapport à la Terre. Il est estimé à environ 1 400 années-lumière, ce qui équivaut à peu près à 4 300 parsecs. Cette distance considérable signifie que la lumière émise par la nébuleuse met environ 1 400 ans pour atteindre nos télescopes, nous permettant d'observer des événements qui se sont produits il y a des milliers d'années.

Crédits NASA/ESA

CHAPITRE 9 : NÉBULEUSE OMÉGA (M17) NGC 6618

La nébuleuse Oméga, également connue sous le nom de M17 ou la nébuleuse du Cygne, est l'une des plus célèbres et captivantes du ciel nocturne. Il est situé dans la constellation du Sagittaire, à une distance d'environ 5 000 années-lumière de la Terre.

Classée comme nébuleuse à émission, comme la nébuleuse de la Bougie. Il est composé d'une combinaison de gaz incandescents et de poussières cosmiques, les gaz prédominants étant l'hydrogène, l'hélium, l'oxygène et l'azote. Ces gaz sont ionisés et chauffés par de jeunes étoiles massives à l'intérieur, ce qui leur donne leur coloration rougeâtre caractéristique.

L'une des caractéristiques frappantes de la nébuleuse Oméga est la présence d'une région centrale brillante, appelée "bac à sable", qui est entourée de structures de poussière sombres. Ces structures donnent à la nébuleuse l'apparence d'une forme allongée ressemblant à un cygne en vol, d'où son nom alternatif, la nébuleuse du cygne. La région centrale contient de jeunes étoiles massives, appelées amas d'étoiles, qui émettent un rayonnement ultraviolet intense responsable de l'ionisation des gaz environnants.

La nébuleuse Oméga est également connue pour abriter un grand nombre d'étoiles en formation, appelées protoétoiles, qui sont enveloppées de nuages denses de gaz et de poussière. Ces nuages sont les pépinières stellaires, où de nouvelles étoiles se forment à partir de l'effondrement gravitationnel de la matière cosmique. Cette région de formation intense d'étoiles contribue à la luminosité et à la beauté de la nébuleuse.

Quant à la distance de la Terre, la nébuleuse Oméga est située à environ 5 000 années-lumière. Cela signifie que la lumière émise par cette nébuleuse met environ 5 000 ans pour atteindre nos télescopes, nous permettant d'observer des événements qui se sont déroulés il y a des millénaires. Cette distance considérable indique également que nous observons la nébuleuse à un moment antérieur de son histoire.

Image : ESA

CHAPITRE 10 : DOUBLE HÉLICE

La nébuleuse de la double hélice est une structure fascinante située dans la constellation d'Ophiuchus, qui possède des caractéristiques physiques et chimiques uniques. Cette nébuleuse tire son nom de sa forme particulière, qui ressemble à une double hélice, semblable à l'ADN.

En termes physiques, la nébuleuse de la double hélice est classée comme une nébuleuse planétaire, qui se forme lorsqu'une étoile similaire à notre Soleil expulse ses couches externes de gaz à la fin de sa vie. Le noyau restant de l'étoile, connu sous le nom de naine blanche, est responsable de l'émission d'un rayonnement ultraviolet intense, qui fait briller les gaz environnants.

Cette nébuleuse est composée principalement d'hydrogène ionisé, qui émet une lumière rougeâtre, mais contient également des traces d'oxygène, d'hélium et d'azote. La couleur rouge est le résultat de l'ionisation de l'hydrogène, tandis que l'oxygène contribue aux tons bleus.

La distance entre la nébuleuse de la double hélice et la Terre est estimée à environ 450 années-lumière. Cela signifie que la lumière que nous voyons aujourd'hui de cette nébuleuse l'a quittée il y a environ 450 ans pour nous parvenir. En termes astronomiques, cette distance est relativement proche, ce qui permet une étude plus détaillée de ses caractéristiques.

L'un des faits intrigants concernant la nébuleuse de la double hélice est son origine. On pense que la forme hélicoïdale est le résultat d'interactions complexes entre le matériau et le champ magnétique autour de l'étoile vieillissante. Ces interactions peuvent produire des mouvements en spirale et en torsion, créant ce look distinctif.

De plus, la nébuleuse de la double hélice est également

intéressante car c'est un exemple de symétrie d'axe présente dans de nombreuses autres structures cosmiques, telles que les galaxies et même dans l'ADN des cellules vivantes. Cette symétrie est un phénomène récurrent dans la nature, du monde microscopique au monde macroscopique.

Télescope spatial Spitzer | Crédit : NASA/JPL-Caltech/M. Morris (UCLA)

CHAPITRE 11 : LAGUNE (M8) NGC 6523

La nébuleuse de la Lagune, également connue sous le nom de Messier 8 ou NGC 6523, est un impressionnant nuage interstellaire situé dans la constellation du Sagittaire. C'est l'une des nébuleuses à émission les plus importantes visibles depuis la Terre et possède des caractéristiques physiques et chimiques fascinantes.

La nébuleuse de la lagune est une région active de formation d'étoiles composée de nuages denses de gaz et de poussière. Ces nuages sont constitués principalement d'hydrogène moléculaire, ainsi que de traces d'autres éléments tels que l'hélium, l'oxygène, l'azote et le carbone. Le rayonnement ultraviolet intense des jeunes étoiles chaudes de la nébuleuse ionise l'hydrogène, le faisant émettre une lumière visible, principalement rouge.

L'une des caractéristiques déterminantes de la nébuleuse du lagon est la présence de panaches de poussière sombre s'élevant au-dessus de la région brillante de la nébuleuse. Ces piliers sont constitués de nuages denses de poussière et de gaz où se forme la formation d'étoiles. Les piliers sont sculptés par le rayonnement intense des jeunes étoiles proches, qui érodent le matériau qui les entoure, créant des formes impressionnantes.

La distance entre la nébuleuse de la lagune et la Terre est estimée à environ 5 000 années-lumière. Cela signifie que la lumière que nous voyons aujourd'hui a quitté la nébuleuse il y a 5 000 ans, parcourant cette distance pour nous atteindre. Cette distance considérable fait de la nébuleuse un objet relativement éloigné en termes astronomiques, mais nous pouvons encore étudier ses caractéristiques en raison de son intense luminosité et de sa taille apparente dans le ciel.

Une curiosité fascinante à propos de la nébuleuse de la lagune est la présence de régions de formation d'étoiles en son sein. Ces régions sont des pépinières d'étoiles, où de denses nuages de gaz et de poussière s'effondrent sous leur propre gravité, donnant naissance à de nouvelles étoiles. Ces processus de formation d'étoiles sont vitaux pour l'évolution de l'univers, puisque c'est dans ces régions que les éléments chimiques sont synthétisés et libérés dans l'espace, enrichissant le milieu interstellaire.

De plus, la nébuleuse du lagon abrite également un amas d'étoiles ouvert connu sous le nom de NGC 6530. Cet amas est composé de jeunes étoiles brillantes formées à partir du gaz et de la poussière de la nébuleuse. La présence de cet amas rend la nébuleuse de la lagune encore plus fascinante, car nous pouvons étudier à la fois le processus de formation des étoiles et l'évolution de ces étoiles en un seul endroit.

Image : Hubble

CHAPITRE 12 : BOUCLE DE BERNARD SH 2-276

La nébuleuse de la boucle de Barnard est une formation de nébuleuse intrigante qui s'étend sur la constellation d'Orion. Elle porte le nom de l'astronome Edward Emerson Barnard, qui l'a découverte en 1895. La nébuleuse de la boucle de Barnard est une nébuleuse à émission, composée de gaz ionisé et de poussière cosmique, et possède des caractéristiques physiques et chimiques remarquables.

La nébuleuse est composée principalement d'hydrogène ionisé, qui émet de la lumière rouge en raison du rayonnement ultraviolet intense des étoiles chaudes dans sa région centrale. En plus de l'hydrogène, d'autres éléments chimiques tels que l'hélium, l'oxygène, l'azote et des traces d'autres éléments lourds sont également présents dans la nébuleuse. Ces éléments se sont formés dans les étoiles antérieures et ont été libérés dans l'espace par des processus stellaires tels que les supernovae.

La nébuleuse de la boucle de Barnard est située à environ 1 600 années-lumière de la Terre. Cela signifie que la lumière que nous observons actuellement depuis la nébuleuse l'a quittée il y a 1 600 ans, parcourant cette énorme distance pour nous atteindre. Cette distance considérable fait de la nébuleuse un objet relativement proche en termes astronomiques, permettant aux astronomes d'étudier ses caractéristiques en détail.

L'une des caractéristiques les plus remarquables de la nébuleuse de la boucle de Barnard est sa forme distinctive de grande "bulle" ou "anneau". Cette structure a été créée par une combinaison de plusieurs facteurs, dont l'activité des étoiles massives, les supernovae et l'action des vents stellaires. Ces événements énergétiques ont façonné le gaz et la poussière au fil du temps, formant cette apparence circulaire.

Une curiosité intéressante à propos de la nébuleuse de la boucle de Barnard est qu'elle est associée à l'un des objets les plus célèbres du ciel nocturne : la nébuleuse de la tête de cheval (Barnard 33). Ressemblant à la silhouette d'une tête de cheval sur un fond clair, cette nébuleuse sombre et opaque se trouve au bord de la nébuleuse de la boucle de Barnard. Cette association entre les deux nébuleuses crée une image visuellement saisissante et attire l'attention des astronomes amateurs et des passionnés d'espace.

Une autre curiosité est que la nébuleuse de la boucle de Barnard fait partie d'une structure plus large connue sous le nom d'Orion Association, qui comprend diverses nébuleuses, amas d'étoiles et étoiles massives. Cette association est une région riche en formation d'étoiles et a joué un rôle crucial dans la compréhension de l'évolution stellaire.

Crédits : NASA/ESA

CHAPITRE 13 : CALIFORNIE NGC 1449

La nébuleuse de Californie, également connue sous le nom de NGC 1499, est une belle nébuleuse d'émission située dans la constellation de Persée. Cette nébuleuse a reçu le nom de Californie en raison de sa ressemblance avec le contour de l'état de Californie aux États-Unis. La nébuleuse Californie possède des caractéristiques physiques et chimiques intéressantes.

La nébuleuse est composée principalement de gaz ionisé, principalement d'hydrogène, qui émet une lumière rougeâtre due au rayonnement ultraviolet intense des étoiles chaudes proches. En plus de l'hydrogène, d'autres éléments chimiques tels que l'hélium, l'oxygène, l'azote et des traces d'éléments plus lourds sont également présents dans la nébuleuse. Ces éléments se sont formés dans les étoiles antérieures et ont été libérés dans l'espace par des processus stellaires tels que les supernovae.

La nébuleuse Californie est située à une distance estimée à environ 1 600 années-lumière de la Terre. Cela signifie que la lumière que nous voyons actuellement de la nébuleuse l'a quittée il y a environ 1 600 ans, parcourant cette distance pour nous atteindre. En termes astronomiques, cette distance est considérée comme relativement proche, permettant aux astronomes d'étudier ses caractéristiques en détail.

L'une des caractéristiques notables de la nébuleuse de Californie est la présence d'une région sombre connue sous le nom de bouche de la nébuleuse, qui s'étend dans une zone similaire à la forme de la côte californienne. Cette région sombre est composée de nuages denses de poussière cosmique qui bloquent la lumière des étoiles et des nébuleuses d'arrière-plan. Ces nuages de poussière sont principalement constitués de petits grains de carbone et de silicate.

Une curiosité intéressante à propos de la nébuleuse Californie est qu'elle est associée à une étoile brillante appelée Xi Persei. Cette étoile, très proche de la nébuleuse, fournit l'énergie nécessaire pour ioniser le gaz de la nébuleuse, produisant la lueur caractéristique. L'interaction entre l'étoile et la nébuleuse est un exemple fascinant de la manière dont les étoiles façonnent le milieu interstellaire qui les entoure.

De plus, la nébuleuse de Californie est également connue pour abriter un grand nombre d'étoiles nouvellement formées en son sein. Ces jeunes étoiles chaudes sont responsables de l'illumination et du chauffage de la nébuleuse, créant une scène d'activité stellaire intense.

L'étude de ces étoiles en formation nous permet de mieux comprendre les processus impliqués dans l'évolution stellaire et la formation de systèmes stellaires multiples.

Image : Hubble

CHAPITRE 14 : COURONNE SUD

La nébuleuse Corona Australis est une nébuleuse en émission située dans la constellation Corona Australis, d'où son nom. Cette nébuleuse possède des caractéristiques physiques et chimiques fascinantes, ce qui en fait un objet d'étude intéressant pour les astronomes.

La composition de la nébuleuse de la couronne sud est similaire à celle des autres nébuleuses à émission en ce sens qu'elle est composée principalement de gaz ionisé. L'hydrogène est l'élément prédominant et émet de la lumière rouge lorsqu'il est ionisé par le rayonnement ultraviolet intense des étoiles chaudes à proximité. En plus de l'hydrogène, d'autres éléments chimiques tels que l'hélium, l'oxygène, l'azote et des traces d'éléments plus lourds sont également présents dans la nébuleuse.

La distance entre la nébuleuse Corona Australis et la Terre est estimée à environ 420 années-lumière. Cela signifie que la lumière que nous voyons de la nébuleuse aujourd'hui l'a quittée il y a environ 420 ans, parcourant cette distance pour nous atteindre. Cette distance intermédiaire permet aux astronomes d'étudier en détail la nébuleuse et d'explorer ses caractéristiques physiques et chimiques.

L'une des caractéristiques notables de la nébuleuse de la couronne sud est la présence de jeunes étoiles en son sein. Ces étoiles nouvellement formées sont responsables de l'illumination et de l'ionisation du gaz dans la nébuleuse, créant un spectacle de couleurs et de brillance. L'interaction entre les jeunes étoiles et le milieu interstellaire fournit des informations précieuses sur les processus de formation des étoiles.

Une curiosité intéressante à propos de la nébuleuse de la couronne sud est la présence de nuages sombres de poussière cosmique dans son environnement. Ces nuages, connus sous le nom de nébuleuses sombres, sont des régions denses de poussière qui bloquent la lumière des étoiles et des nébuleuses derrière elles. Ces nébuleuses sombres créent des contrastes dramatiques et ajoutent une dimension visuelle intrigante à la nébuleuse.

De plus, la nébuleuse de la couronne sud est un terreau fertile pour les systèmes stellaires multiples, où deux étoiles ou plus sont étroitement liées gravitationnellement. La présence de ces systèmes stellaires multiples contribue à la complexité de la nébuleuse et permet l'étude de la dynamique stellaire.

Hubble/NASA

CHAPITRE 15 : CÔNE

La nébuleuse du cône est une nébuleuse sombre située dans la constellation du Monocéros, connue sous le nom de Licorne. Cette nébuleuse tire son nom de sa forme particulière, qui ressemble à un cône. La nébuleuse du Cône possède des caractéristiques physiques et chimiques remarquables, tout en offrant des curiosités intéressantes pour les astronomes et les passionnés d'espace.

La nébuleuse est composée principalement de nuages de poussière cosmique denses, qui bloquent la lumière des étoiles et des nébuleuses situées derrière eux. Ce nuage dense de poussière crée l'aspect sombre et canalisé qui donne son nom à la nébuleuse. Bien qu'elle semble vide, la nébuleuse du cône contient du gaz et de la poussière cosmiques, que l'on trouve couramment dans les régions de formation d'étoiles.

Les caractéristiques chimiques de la nébuleuse du cône sont similaires à celles des autres nébuleuses sombres. La poussière cosmique est composée principalement de petits grains de carbone et de silicates, avec des traces d'éléments plus lourds. Ces éléments chimiques sont essentiels à la formation de nouvelles étoiles et de nouveaux systèmes planétaires au sein de la nébuleuse.

La nébuleuse du cône est située à une distance d'environ 2 700 années-lumière de la Terre. Cela signifie que la lumière que nous voyons aujourd'hui de la nébuleuse l'a quittée il y a environ 2 700 ans, parcourant cette énorme distance pour nous atteindre. Cette distance considérable rend la nébuleuse relativement éloignée en termes astronomiques, mais toujours accessible pour une étude détaillée.

Une curiosité intéressante à propos de la nébuleuse du cône est qu'elle est associée à une région active de formation d'étoiles. Des processus intenses d'effondrement gravitationnel se déroulent à l'intérieur de la nébuleuse, dans lesquels le gaz et la poussière se condensent pour former de nouvelles étoiles. Cette activité stellaire contribue à l'évolution des nébuleuses et à la création de systèmes stellaires multiples.

Une autre curiosité fascinante est que la nébuleuse du cône est l'une des rares nébuleuses sombres qui peuvent être vues à l'œil nu dans un ciel sombre. Il se détache de l'éclat des étoiles en arrière-plan et est un objectif populaire pour les astrophotographes.

NASA/ESA

CHAPITRE 16 : DEMI-LUNE NGC 6888 - CALDWELL 27

La nébuleuse du Croissant est une nébuleuse en émission située dans la constellation du Cygne. Cette nébuleuse tire son nom de sa forme en croissant, ce qui en fait l'un des objets célestes les plus caractéristiques et les plus fascinants du ciel nocturne. Explorons ses caractéristiques physiques et chimiques, ainsi que quelques faits amusants à son sujet.

Composé principalement de gaz ionisé, l'hydrogène étant l'élément dominant, il émet une lumière rougeâtre lorsqu'il est excité par un rayonnement ultraviolet intense provenant d'étoiles chaudes proches. En plus de l'hydrogène, d'autres éléments chimiques tels que l'hélium, l'oxygène, l'azote et des traces d'éléments plus lourds sont également présents dans la nébuleuse. Ces éléments sont des produits de réactions nucléaires qui se produisent dans des étoiles proches et sont libérés dans l'espace par des événements stellaires tels que des supernovae.

Située à une distance estimée d'environ 5 000 années-lumière de la Terre, cela signifie que la lumière que nous voyons actuellement de la nébuleuse a quitté la nébuleuse il y a environ 5 000 ans, parcourant cette distance pour nous atteindre. Cette distance considérable fait de la nébuleuse un objet relativement éloigné, mais toujours visible et accessible pour les études astronomiques.

Une caractéristique notable de la nébuleuse du Croissant est son interaction avec une étoile centrale très chaude et massive connue sous le nom d'étoile Wolf-Rayet. Le rayonnement intense émis par cette étoile excite le gaz environnant, créant la forme distinctive du croissant. L'étoile Wolf-Rayet est une étoile évoluée dans les derniers stades de sa vie, caractérisée par une perte de masse intense. Son interaction avec la nébuleuse crée un spectacle impressionnant de structures et de formes complexes.

Un fait fascinant à propos de la nébuleuse du Croissant est qu'elle est associée à une région de formation d'étoiles, où de nouvelles étoiles se forment dans la nébuleuse. Le rayonnement intense de l'étoile centrale aide à comprimer le gaz et la poussière environnants, déclenchant un effondrement gravitationnel et la formation de nouvelles étoiles. Ces processus de formation d'étoiles contribuent à l'évolution de la nébuleuse dans le temps.

Une autre anecdote intéressante est que la nébuleuse du Croissant est une cible populaire pour les astrophotographes en raison de son apparence distinctive et de ses couleurs vibrantes. Sa forme en croissant et ses nuances de couleurs offrent des images spectaculaires du cosmos.

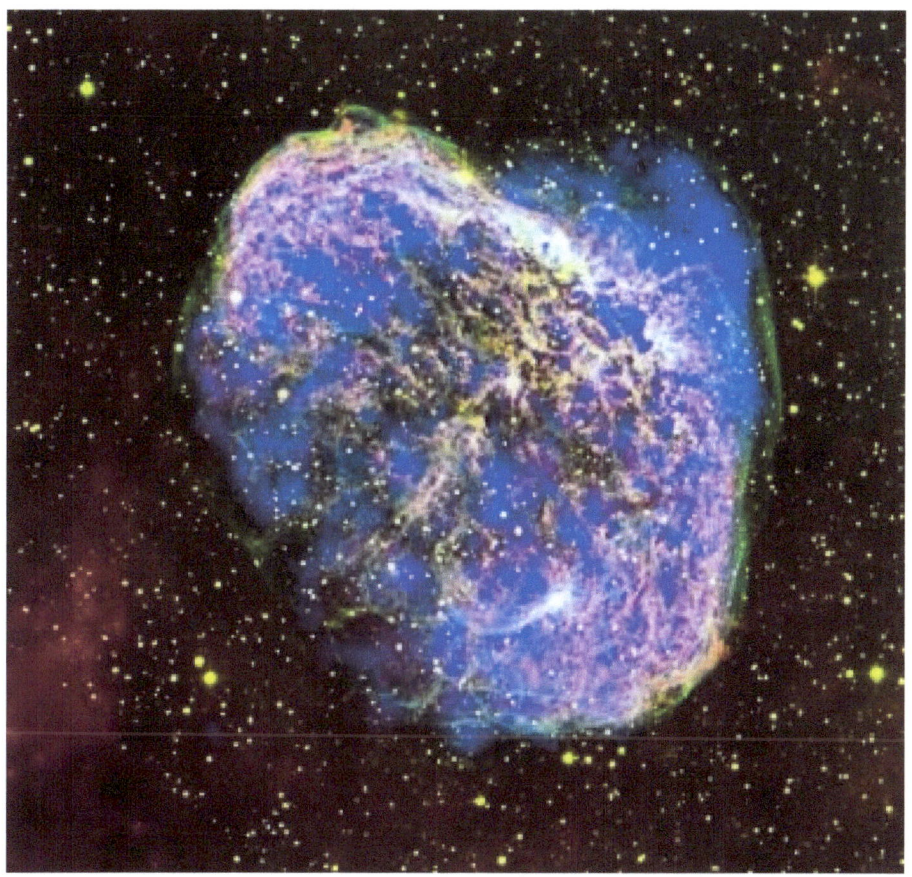

CE

CHAPITRE 17 : TROMPE D'ÉLÉPHANT IC 1396

La nébuleuse de la trompe d'éléphant, également connue sous le nom d'IC 1396, est une nébuleuse en émission située dans la constellation de Céphée. Cette nébuleuse tire son nom de son apparence ressemblant à une trompe d'éléphant, s'étendant à travers l'espace interstellaire. Explorons ses caractéristiques physiques et chimiques, ainsi que quelques faits amusants à son sujet.

Composé principalement de gaz et de poussière cosmique. Le gaz présent dans la nébuleuse est composé majoritairement d'hydrogène, c'est pourquoi elle est classée comme nébuleuse à émission. L'hydrogène est ionisé par le rayonnement ultraviolet intense émis par les étoiles chaudes à proximité, ce qui fait que le gaz émet de la lumière visible. En plus de l'hydrogène, d'autres éléments chimiques tels que l'hélium, l'oxygène et l'azote sont également présents dans la nébuleuse, mais en plus petites quantités.

La distance entre la nébuleuse de la trompe d'éléphant et la Terre est estimée à environ 2 400 années-lumière. Cela signifie que la lumière que nous observons actuellement depuis la nébuleuse l'a quittée il y a environ 2 400 ans, parcourant cette distance pour nous atteindre. Cette distance considérable fait de la nébuleuse un objet relativement éloigné, mais toujours observable et étudiable par les astronomes.

Une caractéristique notable est la présence d'une intense activité de formation d'étoiles en son sein. Les régions les plus sombres de la nébuleuse sont des sites de nuages denses de poussière cosmique, qui subissent un effondrement gravitationnel pour former de nouvelles étoiles. Le rayonnement intense des jeunes étoiles chaudes qui émergent dans ce processus ionise le gaz environnant, créant un paysage cosmique spectaculaire.

Un fait intrigant à propos de la nébuleuse de la trompe d'éléphant est qu'elle héberge une étoile massive appelée HD 206267. Cette étoile est une étoile Be, caractérisée par la présence d'un disque de matière autour d'elle. Le disque est formé de matière éjectée par l'étoile du fait de sa rotation rapide. La présence de cette étoile massive et de ce disque ajoute une dimension intéressante à l'étude de la nébuleuse.

Une autre curiosité fascinante est une région riche en nébuleuses sombres, qui sont des nuages denses de poussière cosmique qui bloquent la lumière des étoiles en arrière-plan. Ces nébuleuses sombres offrent un contraste spectaculaire avec les zones lumineuses de la nébuleuse et ajoutent une profondeur visuelle intrigante.

image hubble

CHAPITRE 18 : GOMME

La nébuleuse Gum, également connue sous le nom de Gum 12, est une nébuleuse à émission diffuse située dans la constellation Vela. Cette nébuleuse a été nommée d'après l'astronome australien Colin Stanley Gum, qui l'a cataloguée dans son travail de cartographie du ciel austral. Explorons ses caractéristiques physiques et chimiques, ainsi que quelques faits amusants à son sujet.

Composé principalement de gaz ionisé, l'hydrogène étant l'élément dominant. Le rayonnement intense des étoiles chaudes à proximité ionise le gaz, le faisant émettre de la lumière visible, principalement de couleur rouge. En plus de l'hydrogène, d'autres éléments chimiques tels que l'hélium, l'oxygène, l'azote et des traces d'éléments plus lourds sont également présents dans la nébuleuse.

La distance entre la Gum Nebula et la Terre est estimée à environ 1 500 années-lumière. Cela signifie que la lumière que nous voyons aujourd'hui de la nébuleuse l'a quittée il y a environ 1 500 ans, parcourant cette distance pour nous atteindre. Cette distance modérée fait de la nébuleuse un objet relativement proche, permettant des études détaillées de ses caractéristiques.

Une caractéristique notable est sa forme allongée et filamenteuse, qui s'étend sur une grande partie du ciel. Cette forme est le résultat de l'interaction complexe entre le gaz interstellaire, les jeunes étoiles et les régions de formation d'étoiles environnantes. L'environnement turbulent crée des structures et des motifs fascinants qui peuvent être observés dans la nébuleuse.

Une anecdote intéressante sur la gomme est qu'elle est associée à un grand complexe de formation d'étoiles connu sous le nom d'association Vela OB1. Cette association contient de jeunes étoiles massives émergeant des nuages environnants de gaz et de poussière. Le rayonnement intense de ces étoiles façonne la nébuleuse et joue un rôle clé dans l'évolution du gaz et la formation de nouvelles étoiles.

Une autre curiosité fascinante est que la nébuleuse de la gomme a une région brillante connue sous le nom de NGC 2671, qui est une nébuleuse à réflexion. Cette nébuleuse réfléchit la lumière émise par les étoiles proches, créant un aspect bleuté contrastant avec la lueur rougeâtre de la nébuleuse d'émission. La combinaison de ces deux nébuleuses offre un spectacle visuel unique dans l'espace.

Crédits ESO

CHAPITRE 19 : AMÉRIQUE DU NORD NGC 7000

NGC 7000, également connue sous le nom de nébuleuse de l'Amérique du Nord, est une nébuleuse d'émission située dans la constellation du Cygne. Cette nébuleuse a été nommée pour sa ressemblance avec le continent nord-américain lorsqu'elle est observée dans les images astronomiques. Explorons ses caractéristiques physiques et chimiques, ainsi que quelques faits amusants à son sujet.

Le NGC 7000 est composé principalement de gaz ionisé, l'hydrogène étant l'élément prédominant. Le rayonnement ultraviolet des jeunes étoiles chaudes proches de la nébuleuse ionise l'hydrogène, le faisant émettre une lumière visible rougeâtre. En plus de l'hydrogène, d'autres éléments chimiques tels que l'hélium, l'oxygène et des traces d'éléments plus lourds sont également présents dans la nébuleuse.

La distance entre NGC 7000 et la Terre est estimée à environ 1 600 années-lumière. Cela signifie que la lumière que nous voyons actuellement de la nébuleuse l'a quittée il y a environ 1 600 ans, parcourant cette distance pour nous atteindre. Cette distance relativement proche fait de NGC 7000 une cible populaire pour l'observation astronomique et l'étude détaillée.

Une caractéristique notable de NGC 7000 est sa forme distinctive, qui ressemble à une carte du continent nord-américain. Cette forme particulière est le résultat des différentes densités de gaz et de poussière dans la nébuleuse, ainsi que de l'action des vents stellaires et du rayonnement émis par les étoiles proches. Cette similitude avec le continent nord-américain fait de la nébuleuse un objet céleste fascinant et reconnaissable.

Une curiosité intéressante à propos de NGC 7000 est qu'elle est associée à une région active de formation d'étoiles. Dans la nébuleuse se trouvent de jeunes étoiles massives qui se forment à partir de l'effondrement gravitationnel de nuages de gaz et de poussière. Ces étoiles en formation contribuent à l'évolution de la nébuleuse dans le temps.

Une autre curiosité fascinante est que NGC 7000 est souvent observé à côté d'une nébuleuse sombre connue sous le nom de Pelicula Nebula, qui contraste avec la lueur rougeâtre de NGC 7000. Cette nébuleuse sombre est composée de nuages de poussière denses qui bloquent la lumière des étoiles d'arrière-plan, créant un regard intrigant et fournissant un contraste visuel dramatique.

Crédits:KPNO/NOIRLab/NSF/AURA/Adam Block

CHAPITRE 20 : PISTOLET

La nébuleuse du Gun, également connue sous le nom de Westerlund 2, est une nébuleuse située dans la constellation de Carina. Il tire son nom de sa forme ressemblant à un pistolet. Explorons ses caractéristiques physiques et chimiques, ainsi que quelques faits amusants à son sujet.

Composé principalement de gaz et de poussière cosmique. Le gaz présent dans la nébuleuse est principalement de l'hydrogène ionisé, ce qui la classe comme une nébuleuse à émission. Cette ionisation se produit en raison du rayonnement ultraviolet intense émis par les jeunes étoiles chaudes à l'intérieur de la nébuleuse. En plus de l'hydrogène, d'autres éléments chimiques tels que l'hélium, l'oxygène et des traces d'éléments plus lourds sont également présents dans la nébuleuse.

Sa distance à la Terre est estimée à environ 20 000 années-lumière. Cela signifie que la lumière que nous observons actuellement depuis la nébuleuse l'a quittée il y a environ 20 000 ans, parcourant cette grande distance pour nous atteindre. Cette distance considérable fait de la nébuleuse un objet distant, mais toujours visible et étudiable à travers des télescopes avancés.

Une caractéristique notable de la nébuleuse du canon est la présence d'un jeune amas d'étoiles dense en son centre connu sous le nom de Westerlund 2. Cet amas contient certaines des étoiles les plus massives et les plus brillantes connues, y compris les étoiles Wolf-Rayet, qui sont chaudes. et instable vers la fin de leur vie. Ces étoiles fournissent une quantité importante de rayonnement ultraviolet qui ionise le gaz environnant, créant une nébuleuse d'une luminosité spectaculaire.

Un fait intrigant à propos de la nébuleuse du pistolet est qu'elle est enveloppée d'un sombre nuage de poussière cosmique. Ce nuage, connu sous le nom de nébuleuse sombre, bloque la lumière des étoiles d'arrière-plan, créant un contraste saisissant entre les régions claires et sombres de la nébuleuse. Ces nuages sombres sont des sites potentiels de formation d'étoiles futures, où la poussière et le gaz peuvent s'effondrer sous leur propre gravité pour former de nouvelles étoiles.

Une autre curiosité fascinante est que la nébuleuse Gun héberge une étoile particulière appelée WR 20a. Cette étoile est l'une des plus massives connues, avec une masse estimée à plus de 80 fois celle du Soleil. De plus, WR 20a fait partie d'un système binaire, où deux étoiles orbitent l'une autour de l'autre. Cette combinaison de masse élevée et de binaire fait de WR 20a une étoile extrêmement intéressante pour les astronomes.

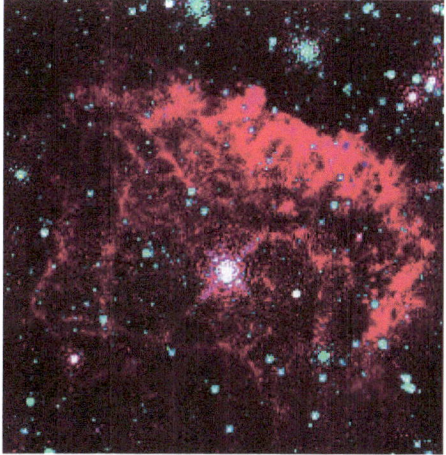

Image en fausses couleurs deétoileet la nébuleuse des armes à feu

CHAPITRE 21 : ROSACE - NGC 2237

La nébuleuse de la Rosette, également connue sous le nom de NGC 2237, est une belle nébuleuse située dans la constellation de Monoceros. Il tire son nom de sa ressemblance avec une rose lorsqu'on la voit sur des astrophotographies. Explorons ses caractéristiques physiques et chimiques, ainsi que quelques faits amusants à son sujet.

Rosette, est une nébuleuse en émission, composée principalement de gaz et de poussières interstellaires. Le gaz prédominant dans la nébuleuse est l'hydrogène, qui est ionisé par le rayonnement ultraviolet intense émis par les jeunes étoiles chaudes à proximité. Cette ionisation amène le gaz à émettre de la lumière visible, principalement la couleur rouge caractéristique des nébuleuses à émission. En plus de l'hydrogène, la nébuleuse contient également d'autres éléments chimiques tels que l'hélium, l'oxygène et des traces d'éléments plus lourds.

Sa distance à la Terre est estimée à environ 5 000 années-lumière. Cela signifie que la lumière que nous observons actuellement depuis la nébuleuse l'a quittée il y a environ 5 000 ans, parcourant cette distance pour nous atteindre. Bien qu'elle soit relativement éloignée, la nébuleuse de la Rosette est un objet d'observation astronomique populaire en raison de sa beauté et de ses caractéristiques intéressantes.

Une caractéristique notable de la nébuleuse de la Rosette est l'amas d'étoiles ouvert situé en son centre, connu sous le nom de NGC 2244. Cet amas est composé d'un groupe de jeunes étoiles massives qui se sont formées à partir du gaz et de la poussière de la nébuleuse elle-même. Ces étoiles brillantes, combinées à la nébuleuse environnante, créent un spectacle visuel impressionnant.

Une autre curiosité fascinante est la présence de structures à piliers ou en forme de colonne dans la nébuleuse de la Rosette, semblables aux "doigts" de poussière et de gaz qui dépassent de la nébuleuse. Ces structures sont connues comme les piliers de la création et sont des sites d'intense activité de formation d'étoiles. Ils sont sculptés par le rayonnement et les vents stellaires des jeunes étoiles, créant des formes spectaculaires et intéressantes.

De plus, la nébuleuse de Rosette est une région riche en étoiles nouvellement formées. La formation d'étoiles se produit dans des nuages denses de gaz et de poussière, où l'effondrement gravitationnel donne naissance à de nouvelles étoiles. Ces jeunes étoiles chaudes illuminent la nébuleuse de leur rayonnement intense, créant un fond éblouissant de couleurs et de formes.

Il est important de souligner que Roseta est un objet en constante évolution. Au fur et à mesure que les étoiles les plus massives vieillissent, elles perdent leurs couches externes dans de violentes explosions de supernova, déversant des éléments chimiquement enrichis dans l'espace. Ces événements contribuent au recyclage de la matière et à l'enrichissement du milieu interstellaire.

Image : NASA

CHAPITRE 22 : ORION (M42) NGC 1976

La nébuleuse d'Orion, également connue sous le nom de M42 ou NGC 1976, est l'une des nébuleuses les plus célèbres et facilement reconnaissables du ciel nocturne. Située dans la constellation d'Orion, cette nébuleuse est l'une des plus étudiées et photographiées par les astronomes. Explorons ses caractéristiques physiques et chimiques, ainsi que quelques faits amusants à son sujet.

La nébuleuse d'Orion est une nébuleuse d'émission et de réflexion, composée de gaz et de poussières interstellaires. Il est composé principalement d'hydrogène ionisé, qui émet une lumière rouge caractéristique, mais il contient également d'autres éléments chimiques tels que l'hélium, l'oxygène et des traces d'éléments plus lourds. De plus, la présence de poussière cosmique dans la nébuleuse réfléchit la lumière des étoiles proches, créant des régions bleutées et offrant un contraste fascinant.

Sa distance de la Terre est estimée à environ 1 344 années-lumière. Cela signifie que la lumière que nous observons actuellement depuis la nébuleuse l'a quittée il y a environ 1 344 ans, parcourant cette grande distance pour nous atteindre. Bien qu'elle ne soit pas l'une des nébuleuses les plus proches de la Terre, sa relative proximité permet des études détaillées et des observations fascinantes.

Une caractéristique notable est la présence d'un amas d'étoiles ouvert en son centre, connu sous le nom de Trapèze. Cet amas est composé de jeunes étoiles massives qui se sont formées à partir du gaz et de la poussière de la nébuleuse elle-même. Ces étoiles brillantes sont responsables de l'ionisation du gaz dans la nébuleuse, créant des régions d'émission intense. Le trapèze est visible à l'œil nu et peut être vu avec des détails étonnants à travers des télescopes.

Une curiosité intéressante est la présence de structures dites "protoplanétaires" ou "disques d'accrétion" au sein de la nébuleuse d'Orion. Ces disques sont formés à partir de matériaux laissés par la formation d'étoiles et pourraient donner naissance à des systèmes planétaires à l'avenir. L'observation de ces disques est d'une grande importance pour comprendre le processus de formation des planètes autour des étoiles jeunes.

De plus, la nébuleuse d'Orion est un site de formation intense d'étoiles. À l'intérieur de la nébuleuse, des nuages de gaz et de poussière s'effondrent sous leur propre gravité, donnant naissance à de nouvelles étoiles. La présence d'étoiles jeunes et massives contribue à l'émission intense de rayonnement ultraviolet, qui à son tour ionise le gaz et produit les spectaculaires lueurs observées.

Image : James Webb

Une autre curiosité est la présence de jets et de flux de matière éjectés par de jeunes étoiles dans la nébuleuse d'Orion. Ces jets se forment lorsque la matière autour d'une étoile en formation est éjectée à grande vitesse le long des pôles magnétiques de l'étoile. Ces jets peuvent s'étendre sur de grandes distances dans la nébuleuse, créant des structures linéaires intrigantes.

Un phénomène fascinant lié à la nébuleuse d'Orion est la présence d'étoiles variables connues sous le nom d'étoiles T Tauri. Ces étoiles sont jeunes et sont encore en train de se contracter et de s'ajuster avant d'atteindre la stabilité en tant qu'étoiles de la séquence principale. Ils présentent de fortes variations de luminosité au cours du temps, ce qui est attribué aux changements du taux d'accumulation de matière sur leurs surfaces.

Une découverte récente était la présence d'un disque protoplanétaire autour d'une étoile connue sous le nom de HL Tau. Cette image prise avec l'Atacama Large Millimeter Array (ALMA) a révélé des anneaux distincts dans le disque, suggérant une possible formation de planètes. Cette découverte offre des informations précieuses sur le processus de formation planétaire et l'évolution des systèmes stellaires.

CHAPITRE 23 : ETA CARINAE

La nébuleuse Eta Carinae est l'une des nébuleuses les plus remarquables et les plus intrigantes du ciel nocturne. Située dans la constellation de Carina, cette nébuleuse est célèbre pour abriter un système stellaire massif et afficher une variété de phénomènes astronomiques uniques. Explorons ses caractéristiques physiques et chimiques, ainsi que quelques faits amusants à son sujet.

Eta Carinae est une nébuleuse en émission, composée principalement de gaz et de poussières interstellaires. Il abrite une étoile binaire massive, connue sous le nom d'Eta Carinae, qui est responsable de la grande quantité d'énergie et de rayonnement présente dans la région. L'étoile principale du système a une masse estimée à plus de 100 fois la masse de notre Soleil, ce qui en fait l'une des étoiles les plus massives connues.

La distance entre la nébuleuse et la Terre est estimée à environ 7 500 années-lumière. Cela signifie que la lumière que nous observons actuellement depuis la nébuleuse l'a quittée il y a environ 7 500 ans, parcourant cette grande distance pour nous atteindre. La grande distance de la nébuleuse en fait une cible difficile pour une étude détaillée, mais les progrès de la technologie ont permis une meilleure compréhension de ses caractéristiques.

Une caractéristique notable de la nébuleuse est le système stellaire binaire qui l'habite. Les deux étoiles du système tournent l'une autour de l'autre sur une orbite elliptique. L'étoile primaire est extrêmement instable et connaît périodiquement des éruptions explosives, libérant d'immenses quantités d'énergie et de matière dans l'espace. Ces éruptions sont connues sous le nom de Great Eta Carinae Eruption, qui s'est produite pour la dernière fois au 19ème siècle et en a fait l'une des étoiles les plus brillantes du ciel nocturne.

Une autre curiosité intrigante est la présence de structures filamenteuses et de tourbillons de gaz dans la nébuleuse, connus sous le nom de "doigts de la nébuleuse". Ces caractéristiques sont le résultat d'interactions complexes entre le vent stellaire et le matériau qui l'entoure, créant de superbes motifs visuels.

Connu pour abriter une région de formation intense d'étoiles. À l'intérieur de la nébuleuse, l'effondrement gravitationnel du gaz et de la poussière entraîne la formation de jeunes étoiles massives. Ces étoiles en formation émettent une quantité importante de rayonnement ultraviolet, ionisant le gaz qui les entoure et faisant briller fortement la nébuleuse.

Des études récentes ont également révélé la présence de molécules complexes dans la nébuleuse Eta Carinae, telles que des alcools, des esters et des hydrocarbures. Ces découvertes ont des implications importantes pour la compréhension de la chimie interstellaire et de l'origine de la vie dans l'Univers.

Image : James Webb

CHAPITRE 24 : TARENTULE – 30 DORADUS – NGC 2070

La nébuleuse de la Tarentule, également connue sous le nom de 30 Doradus ou NGC 2070, est l'une des caractéristiques cosmiques les plus impressionnantes et les plus fascinantes de notre galaxie de la Voie lactée. Située dans le Grand Nuage de Magellan, une galaxie satellite proche de la nôtre, la nébuleuse de la Tarentule est une région de formation stellaire intense et abrite une grande diversité de phénomènes astronomiques.

Cette nébuleuse est l'une des plus grandes et des plus brillantes connues, avec une extension approximative de 650 années-lumière. Son aspect flou est le résultat d'une combinaison de gaz, de poussières interstellaires et de jeunes étoiles, qui émettent un rayonnement ultraviolet intense. Au centre de la nébuleuse se trouve un amas d'étoiles massif appelé R136, qui abrite certaines des étoiles les plus chaudes et les plus lumineuses jamais observées. Certaines de ces étoiles individuelles ont des masses jusqu'à 200 fois supérieures à celles de notre Soleil.

L'une des caractéristiques les plus frappantes de la nébuleuse de la Tarentule est la présence de panaches de gaz et de poussière s'élevant du vaste champ d'étoiles. Ces piliers sont formés par le rayonnement intense émis par les jeunes étoiles, sculptant des formes uniques et intrigantes. Ces structures sont similaires à celles trouvées dans la célèbre nébuleuse de l'Aigle, comme le montre le télescope spatial Hubble.

La distance entre Tarantula et la Terre est d'environ 160 000 années-lumière. Bien que cela puisse sembler loin, en termes astronomiques, c'est relativement proche par rapport aux autres nébuleuses. Sa proximité facilite l'observation et l'étude détaillées, ce qui en fait une source inestimable d'informations sur la formation des étoiles et l'évolution galactique.

Image : James Webb

En plus de ses caractéristiques physiques impressionnantes, la nébuleuse de la Tarentule recèle également quelques curiosités intéressantes. Par exemple, il est connu pour avoir accueilli Supernova 1987A, l'une des explosions stellaires les plus proches jamais enregistrées. Cette supernova s'est produite dans la nébuleuse, entraînant la formation d'une onde de choc qui continue de s'étendre et d'interagir avec le milieu interstellaire.

Autre curiosité notable, c'est une cible prisée des astronomes cherchant à étudier la formation des étoiles dans des conditions extrêmes. Le taux élevé de formation d'étoiles et la présence d'étoiles massives offrent une opportunité unique de comprendre comment les étoiles se développent dans des environnements de pression et de température extrêmes.

Image : James Webb

CHAPITRE 25 : TRIFFIDE – NGC 6514 (M20)

La nébuleuse Trifide, également connue sous le nom de Messier 20 ou NGC 6514, est une nébuleuse en émission située dans la constellation du Sagittaire dans la Voie lactée. C'est l'une des nébuleuses les plus célèbres et les plus photographiées du ciel nocturne et est facilement identifiable par ses couleurs vibrantes et ses structures distinctives.

Trifid a une apparence tridimensionnelle, composée de trois régions distinctes qui se détachent. La première est une zone brillante d'émission d'hydrogène ionisé, qui donne à la nébuleuse sa couleur rouge foncé. Cette région est le résultat d'un rayonnement ultraviolet intense émis par de jeunes étoiles chaudes, qui ionise le gaz environnant.

La deuxième région est une zone sombre de poussière interstellaire, qui forme des motifs complexes et des filaments sombres. Ces structures sont connues sous le nom de "jambes de cheval" en raison de leur ressemblance avec la silhouette d'un cheval. La poussière interstellaire agit comme un obscurcissant, bloquant la lumière des étoiles derrière elle.

La troisième région de la nébuleuse Trifide est une zone de réflexion, où la lumière des étoiles se reflète sur les particules de poussière. Cette région apparaît bleutée et se détache de la lueur rouge des régions d'émission. La présence de ces différentes régions dans la nébuleuse Trifide en fait une structure remarquable et visuellement intéressante.

Image : IL

Quant à la distance de la Terre, on estime que la nébuleuse Trifide est à environ 5 200 années-lumière. Cela signifie que la lumière que nous voyons aujourd'hui a quitté la nébuleuse il y a plus de 5 000 ans, bien avant l'invention de l'écriture. Bien qu'elle soit relativement éloignée de nous, la nébuleuse Trifide est considérée comme une nébuleuse relativement proche en termes astronomiques.

Outre ses caractéristiques physiques et sa distance, Trifid possède également quelques curiosités intéressantes. Par exemple, on sait qu'elle abrite un grand nombre de jeunes étoiles à l'intérieur, dont beaucoup sont encore en cours de formation. Cette région de formation intense d'étoiles est le résultat de l'effondrement gravitationnel de nuages de gaz et de poussière, donnant naissance à de nouvelles étoiles.

Une autre curiosité est que le Trifide fait partie d'un plus grand complexe de nébuleuses appelé; Complexe de nuage moléculaire du Sagittaire. Ce complexe contient plusieurs autres nébuleuses et régions de formation d'étoiles, contribuant à la richesse et à la diversité observées dans cette région du ciel.

Crédit : ESO/Gábor Tóth

CHAPITRE 26 : MESSIER 43 – NGC 1982 (M43)

Messier 43, également connue sous le nom de M43 ou NGC 1982, est une nébuleuse située dans la constellation d'Orion, relativement proche de la célèbre nébuleuse d'Orion (Messier 42). C'est une région de formation d'étoiles associée au complexe de nuages moléculaires d'Orion, situé à environ 1 600 années-lumière de la Terre.

AM 43 est une nébuleuse à réflexion, ce qui signifie que sa lumière se réfléchit sur la poussière interstellaire. Il se situe dans une région de transition entre la nébuleuse d'Orion et la région sombre connue sous le nom d'Orion Hollow. Cette nébuleuse est particulièrement remarquable par la présence d'un petit amas d'étoiles appelé NGC 1981, qui se trouve en son sein.

Crédit : ESA/Hubble et NASA

Les caractéristiques physiques et chimiques de Messier 43 sont similaires à celles des autres nébuleuses à réflexion. La poussière interstellaire dans la nébuleuse disperse la lumière des étoiles proches, lui donnant une teinte bleuâtre. Cette poussière est composée de minuscules particules, telles que des grains de silicate et de glace, qui reflètent la lumière des étoiles et contribuent à l'apparence brillante de la nébuleuse.

Crédit : NASA

Il a une étendue angulaire d'environ 20 minutes d'arc, ce qui correspond à une étendue physique d'environ 3 années-lumière. Bien qu'elle ne soit pas aussi étendue que sa voisine, la nébuleuse d'Orion, elle est toujours considérée comme une région relativement vaste en termes astronomiques.

Une curiosité intéressante à propos de Messier 43 est que sa formation est étroitement liée à la nébuleuse d'Orion. Les deux nébuleuses partagent un complexe moléculaire commun, composé de nuages de gaz et de poussière. L'énergie libérée par les jeunes étoiles de la nébuleuse d'Orion, dont le célèbre amas d'étoiles du Trapèze, joue un rôle clé dans l'ionisation des gaz et la création des conditions nécessaires à la formation des étoiles dans Messier 43.

De plus, Messier 43 est également associé au soi-disant "Barnard Ring", une structure circulaire qui entoure l'étoile brillante Alnitak, qui fait partie de la ceinture d'Orion. Cet anneau est formé de matière éjectée par de jeunes étoiles lors des processus de formation d'étoiles.

Image : Hubble

CHAPITRE 27 : MESSIER 78 - (M78) - NGC 2068

Messier 78, également connue sous le nom de M78 ou NGC 2068, est une nébuleuse par réflexion située dans la constellation d'Orion. Il fait partie du complexe de nuages moléculaires d'Orion, situé à environ 1 350 années-lumière de la Terre. Messier 78 est l'une des nébuleuses les plus brillantes et les plus visibles de cette région.

Caractérisé par son aspect flou et sa couleur bleutée, Messier 78 est composé de poussières interstellaires qui réfléchissent la lumière des étoiles proches. Le rayonnement émis par les jeunes étoiles de la nébuleuse illumine la poussière, ce qui lui donne sa coloration distinctive. Cette poussière est principalement constituée de grains de silicate et de glace, qui diffusent efficacement la lumière.

La nébuleuse a une étendue angulaire d'environ 8 minutes d'arc, ce qui correspond à une dimension physique d'environ 5 années-lumière. Il est composé de nombreux nuages moléculaires filamenteux denses, qui sont les sites de formation active des étoiles. Ces nuages sont composés principalement de gaz moléculaires tels que l'hydrogène et l'hélium, ainsi que de traces d'autres éléments chimiques.

Une curiosité intéressante à propos de Messier 78 est qu'il fait partie d'un système d'étoiles triple connu sous le nom de Theta Orionis Complex. Ce système est composé des étoiles Thêta 1 Orionis, Thêta 2 Orionis et Thêta 3 Orionis, qui sont responsables de l'ionisation et de l'illumination de la nébuleuse. La présence de ces étoiles brillantes ajoute à la beauté et à l'éclat de Messier 78.

NASA/ESA

Une autre curiosité est que bien que Messier 78 soit visible à l'œil nu dans des conditions de ciel sombre, une observation attentive révèle des structures intrigantes. Des observations à différentes longueurs d'onde, telles que l'infrarouge et la radio, ont révélé la présence de disques protoplanétaires autour de certaines jeunes étoiles de la nébuleuse. Ces disques sont considérés comme des pépinières pour la formation des planètes et fournissent des informations précieuses sur le processus de formation des systèmes planétaires.

Messier 78 est également connu pour héberger une variété de jeunes étoiles, y compris les étoiles T Tauri, qui sont aux premiers stades de leur évolution. Ces étoiles présentent des caractéristiques intéressantes telles que de fortes émissions de raies d'hydrogène et des variations de luminosité dans le temps dues aux activités magnétiques et aux interactions avec les disques circumstellaires.

NASA/ESA

CHAPITRE 28 : NGC 248

NGC 248 est une nébuleuse située dans le Grand Nuage de Magellan, une galaxie satellite de la Voie lactée. Elle est connue comme une nébuleuse à émission, caractérisée par ses couleurs vives et intenses. NGC 248 est l'une des nébuleuses les plus célèbres et les plus étudiées de cette galaxie.

La distance entre NGC 248 et la Terre est estimée à environ 160 000 années-lumière. Cette distance considérable met cette nébuleuse hors de notre portée pour une observation détaillée, mais il est encore possible de l'étudier et d'obtenir des informations importantes sur sa composition et ses caractéristiques physiques.

Crédit : NASA, ESA, STScI, K. Sandstrom

NGC 248 est composé principalement d'hydrogène ionisé, qui émet de la lumière à différentes longueurs d'onde, ce qui donne les couleurs vibrantes distinctives de la nébuleuse. Le rayonnement ultraviolet intense émis par les jeunes étoiles chaudes est responsable de l'ionisation du gaz et de la production de la lueur caractéristique.

L'une des caractéristiques notables de NGC 248 est sa forme

irrégulière et complexe. Il présente une structure filamenteuse et torsadée qui s'étend sur une zone importante du ciel. Cette structure peut être le résultat de phénomènes tels que l'interaction gravitationnelle avec des étoiles voisines ou des explosions de supernova qui se sont produites dans le passé.

Fait intéressant, NGC 248 est également connue pour héberger une étoile particulière appelée Sher 25. Cette étoile brillante et massive se trouve au bord de la nébuleuse et est entourée d'un disque protoplanétaire. Le disque protoplanétaire est constitué de matière autour de l'étoile qui pourrait éventuellement former des planètes. La présence d'un tel disque dans une étoile massive est un phénomène inhabituel et suscite l'intérêt des astronomes.

Une autre curiosité intéressante à propos de NGC 248 est son association avec des régions actives de formation d'étoiles. La nébuleuse est le berceau de nombreuses étoiles jeunes et massives, qui en sont aux premiers stades de leur évolution. La présence de ces jeunes étoiles contribue à l'ionisation et à la luminosité de la nébuleuse, tout en jouant un rôle important dans l'évolution de la galaxie hôte.

L'étude de NGC 248 et d'autres nébuleuses dans le Grand Nuage de Magellan est essentielle pour comprendre la formation des étoiles et les processus physiques qui se produisent dans les galaxies lointaines. Ces observations fournissent des informations précieuses sur les conditions et les mécanismes qui régissent la naissance et l'évolution des étoiles.

Crédit : NASA, ESA, STScI, K. Sandstrom

CHAPITRE 29 : NGC 256

NGC 256 est une nébuleuse située dans la constellation de Cetus (la Baleine). Aussi appelée IC 1590, c'est une nébuleuse en émission, caractérisée par sa luminosité et sa coloration intense. Bien qu'elle ne soit pas aussi connue que certaines des nébuleuses les plus célèbres, telles que la nébuleuse d'Orion, NGC 256 possède ses propres caractéristiques fascinantes.

La distance exacte entre NGC 256 et la Terre n'est pas clairement établie, ce qui rend difficile la détermination de ses caractéristiques physiques. Cependant, on estime qu'il se trouve à environ 6 500 années-lumière de la Terre. Cette distance relativement grande place la nébuleuse dans une région éloignée de notre système solaire.

NASA/ESA

NGC 256 est composé principalement de gaz ionisés, tels que l'hydrogène, l'hélium et d'autres éléments chimiques présents dans les nuages moléculaires de la région. Le rayonnement intense des jeunes étoiles chaudes situées dans la nébuleuse est responsable de l'ionisation du gaz, le faisant émettre de la lumière à différentes longueurs d'onde. Cette émission crée les teintes rouges et rosées caractéristiques de la nébuleuse.

L'une des caractéristiques notables de NGC 256 est la présence d'un amas d'étoiles ouvert connu sous le nom de Collinder 399. Cet amas est composé de jeunes étoiles massives qui se sont formées dans la nébuleuse. L'énergie libérée par ces étoiles est l'un des principaux facteurs à l'origine de l'ionisation du gaz dans la nébuleuse, ce qui contribue à son aspect brillant.

De plus, NGC 256 est associée à une région de formation active d'étoiles, où de nouvelles étoiles se forment à partir de l'effondrement gravitationnel de nuages de gaz et de poussière. Cette région est caractérisée par des phénomènes tels que la formation de disques protoplanétaires autour d'étoiles jeunes, qui peuvent évoluer vers des systèmes planétaires.

Une autre curiosité intéressante à propos de NGC 256 est qu'il est situé près du soi-disant vent solaire local, une région où le flux de particules chargées du Soleil rencontre la matière interstellaire environnante. Cette interaction peut avoir des effets significatifs sur les caractéristiques physiques de la nébuleuse et peut influencer son environnement de formation d'étoiles.

Bien que NGC 256 ne soit peut-être pas aussi connue que d'autres nébuleuses, son importance dans la compréhension de la formation des étoiles et de l'évolution des galaxies lointaines ne peut être sous-estimée. Des études détaillées de cette nébuleuse et de son association avec l'amas d'étoiles Collinder 399 fournissent des informations précieuses sur la dynamique et les processus physiques se produisant dans cette région de l'univers.

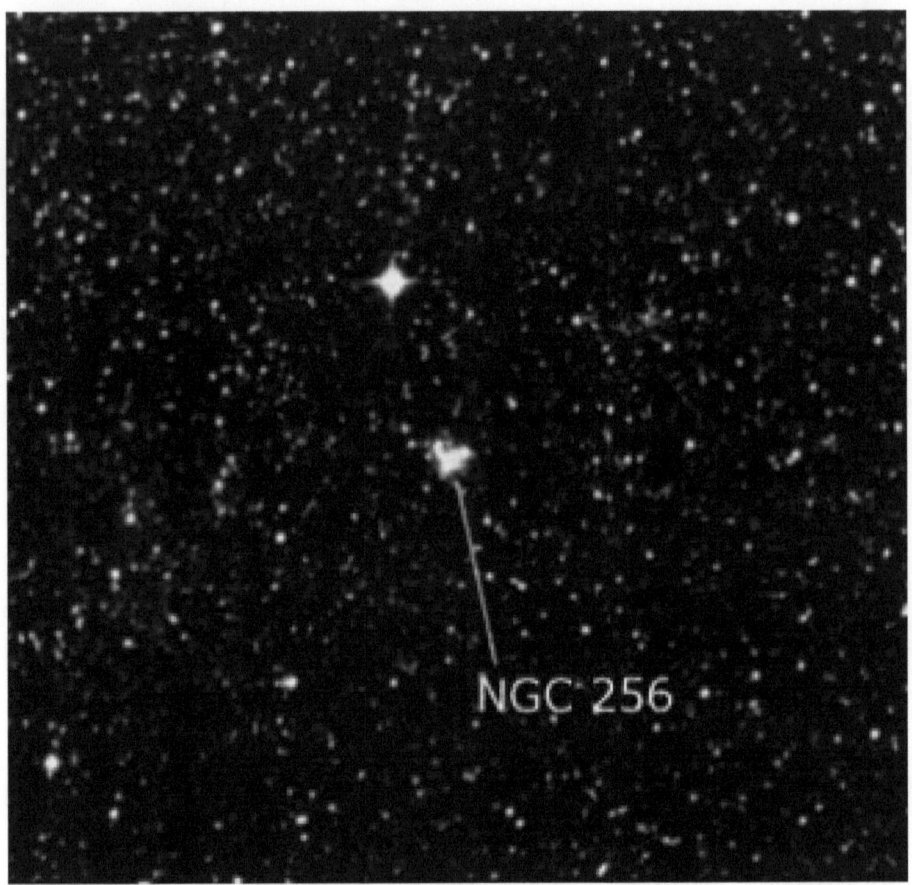

hubble

CHAPITRE 30 : GNC 7129

NGC 7129 est une nébuleuse par réflexion située dans la constellation de Céphée, à environ 3 300 années-lumière de la Terre. Il est connu pour son aspect particulier et ses caractéristiques physiques et chimiques fascinantes.

Cette image est une combinaison d'observations à l'aide du télescope géant Subaru de 10 mètres, du télescope Schulman de 0,81 mètre (par mon vieil ami Adam Block) et d'un télescope de 35 cm, toutes traitées par Robert Gendler et Roberto Colombari.

Concernant sa structure physique, NGC 7129 est composé d'une nébuleuse en émission, entourée d'une nébuleuse en réflexion. La nébuleuse par émission est illuminée par de jeunes étoiles chaudes en cours de formation. Ces étoiles émettent un rayonnement ultraviolet intense, qui ionise le gaz environnant et le fait briller. La nébuleuse par réflexion est éclairée par la lumière des étoiles réfléchie par les particules de poussière présentes dans la région.

Le télescope spatial Spitzer de la NASA voit dans l'infrarouge et détecte la poussière.
Une partie de cette poussière définit la bulle dans le plus grand nuage (rouge),
tandis que d'autres proviennent d'étoiles éjectant de la matière (vert). L'effet
global fait ressembler NGC 7129 à un bouton de rose non ouvert.
NASA/JPL-Caltech/T. Megeath (Harvard-Smithsonian CfA)

Les caractéristiques chimiques sont tout aussi intéressantes. Il contient une variété d'éléments et de composés, tels que l'hydrogène, l'hélium, l'oxygène, l'azote et des oligo-éléments d'éléments plus lourds. Ces éléments sont essentiels à la formation des étoiles et des planètes, et leur présence dans la nébuleuse indique que des processus de fusion nucléaire ont lieu dans les étoiles en formation.

L'une des curiosités est la présence de disques protoplanétaires autour de certaines des jeunes étoiles à l'intérieur. Ces disques sont formés à partir du matériau restant du nuage de gaz et de poussière qui a donné naissance à l'étoile. Ils sont considérés comme des pépinières pour les planètes, où des amas de matière se rassemblent pour former des corps planétaires en développement.

De plus, NGC 7129 présente également des colonnes de poussière sombre appelées piliers Bok. Ces structures allongées sont formées par l'action des vents stellaires et le rayonnement intense des jeunes étoiles présentes dans la région. Les piliers Bok sont souvent vus dans les nébuleuses à réflexion, et leur apparence particulière ajoute un élément visuellement intrigant à NGC 7129.

CHAPITRE 31 : GNC 6914

NGC 6914 est une nébuleuse en émission située dans la constellation du Cygne, à environ 6 000 années-lumière de la Terre. Cette nébuleuse possède des caractéristiques physiques et chimiques intéressantes, ainsi que quelques curiosités intrigantes.

En ce qui concerne sa structure physique, NGC 6914 est composé d'une région de gaz et de poussière où se produit la formation active d'étoiles. À l'intérieur de cette nébuleuse se trouvent de jeunes étoiles chaudes, dont le rayonnement ultraviolet et infrarouge chauffe le gaz et le fait briller de mille feux, créant ainsi l'aspect caractéristique des nébuleuses à émission.

Concernant les caractéristiques chimiques, NGC 6914 est composé principalement d'hydrogène, l'élément le plus abondant dans l'Univers, ainsi que d'hélium et de traces d'autres éléments plus lourds. Ces éléments sont le résultat de réactions nucléaires qui se produisent dans les étoiles en formation et sont également importants dans la formation de nouvelles étoiles et planètes.

L'une des curiosités est la présence d'étoiles massives et supermassives à l'intérieur. Ces étoiles ont des masses bien supérieures à notre Soleil et jouent un rôle clé dans l'évolution de la nébuleuse. Ils émettent un rayonnement intense, des vents stellaires et peuvent éventuellement exploser en supernovae, injectant encore plus d'énergie et de matière dans la nébuleuse environnante.

Une autre caractéristique intrigante de NGC 6914 est la présence de régions de choc. Ces régions se produisent lorsque les vents stellaires et le rayonnement des jeunes étoiles entrent en collision avec le gaz et la poussière environnants, générant des ondes de choc qui peuvent encore comprimer et chauffer le matériau de la nébuleuse. Ces chocs peuvent déclencher encore plus de processus de formation d'étoiles, créant de nouvelles étoiles dans la nébuleuse.

Crédits : Ivan Eder

CHAPITRE 32 : NGC 6357

NGC 6357 est une nébuleuse située dans la constellation du Scorpion, à une distance estimée à environ 8 000 années-lumière de la Terre. Cette nébuleuse possède des caractéristiques physiques et chimiques impressionnantes, ainsi que des curiosités intrigantes.

NGC 6357 est une nébuleuse à émission, ce qui signifie que sa lueur est générée par l'émission de gaz ionisés qui sont excités par le rayonnement ultraviolet des jeunes étoiles chaudes de la région. Ces étoiles sont responsables de la formation et de l'entretien de cette nébuleuse.

Image : NASA

Concernant ses caractéristiques chimiques, NGC 6357 est composé principalement d'hydrogène, l'élément le plus abondant dans l'Univers, ainsi que d'hélium et d'autres éléments plus lourds. La présence de ces éléments est le résultat de processus nucléaires qui se produisent à l'intérieur des étoiles en formation.

L'une des curiosités les plus notables de NGC 6357 est la présence de formations d'étoiles extrêmement massives. Au sein de cette nébuleuse, on trouve de jeunes étoiles massives dont certaines ont des masses plusieurs dizaines de fois supérieures à celle de notre Soleil. Ces étoiles sont appelées étoiles O et étoiles Wolf-Rayet et sont connues pour être extrêmement chaudes et lumineuses. Ils sont de courte durée mais intenses et peuvent avoir un impact significatif sur l'évolution de la nébuleuse.

Une autre curiosité fascinante est la présence de structures complexes de poussière et de gaz dans NGC 6357. Ces structures comprennent des filaments, des bulles et des colonnes de poussière noire. Ces caractéristiques sont sculptées par le rayonnement et les vents stellaires des jeunes étoiles massives de la nébuleuse. Les bulles sont des régions où le gaz est expulsé par les vents stellaires et les supernovae, créant des cavités. Les piliers de poussière sont des structures allongées sculptées par un rayonnement intense, semblables aux célèbres piliers de la nébuleuse de l'Aigle.

De plus, NGC 6357 abrite également une région connue sous le nom de "nid de bébé éléphant", qui est un nuage sombre de gaz et de poussière qui ressemble à un éléphant accroupi. Cette formation particulière ajoute un élément visuellement intéressant à la nébuleuse.

Image : NASA

CHAPITRE 33 : NGC 6193

NGC 6193 est un amas d'étoiles situé dans la constellation de l'Autel, à une distance d'environ 4 200 années-lumière de la Terre. Cette agglomération stellaire présente des caractéristiques physiques et chimiques différentes, ainsi que des curiosités intéressantes.

Composé d'un groupe d'étoiles jeunes et massives, appelées étoiles de la séquence principale. Ces étoiles ont des masses plusieurs fois supérieures à notre Soleil et sont dans une phase active d'évolution. Le rayonnement intense émis par ces étoiles est responsable de l'ionisation du gaz environnant, résultant en une nébuleuse en émission associée à NGC 6193.

En termes de caractéristiques chimiques, NGC 6193 est composé principalement d'hydrogène, d'hélium et de traces d'autres éléments plus lourds tels que l'oxygène, l'azote et le carbone. Ces éléments sont essentiels à la formation des étoiles et des planètes, et leur présence dans l'amas d'étoiles indique des processus de fusion nucléaire qui s'y déroulent.

L'une des curiosités notables est la présence d'une étoile particulièrement massive appelée HD 150136. Cette étoile est considérée comme une étoile Wolf-Rayet, connue pour être extrêmement chaude et lumineuse. Les étoiles Wolf-Rayet sont considérées comme des stades avancés de l'évolution stellaire et ont une durée de vie relativement courte avant d'exploser en supernovae. La présence d'une étoile Wolf-Rayet dans NGC 6193 indique un âge relativement jeune pour cet amas d'étoiles.

Une autre curiosité fascinante est la présence d'une nébuleuse par réflexion associée à NGC 6193. Cette nébuleuse est éclairée par la lumière stellaire de l'amas et est produite en raison de la diffusion de la lumière stellaire par les particules de poussière présentes dans la région. La combinaison de la nébuleuse d'émission et de la nébuleuse de réflexion crée une scène visuellement saisissante.

C'EST JUSTE

CHAPITRE 34 : NÉBULEUSE
DU PAPILLON M2-9

La nébuleuse du papillon, également connue sous le nom de M2-9, est une nébuleuse planétaire fascinante située dans la constellation d'Ophiuchus qui ressemble à un papillon en vol. C'est l'un des objets célestes les plus étudiés et photographiés en raison de sa beauté singulière et de sa complexité structurelle.

En termes de caractéristiques physiques, la nébuleuse du papillon a une structure impressionnante. Il est composé de deux lobes brillants s'étendant vers l'extérieur à partir de l'étoile centrale et d'une région centrale sombre en forme de ceinture qui lui donne l'apparence du corps d'un insecte. Cette structure intrigante est le résultat d'interactions complexes entre l'étoile mourante au centre de la nébuleuse et la matière qui en est éjectée.

L'étoile centrale de la nébuleuse est une naine blanche extrêmement chaude et dense, avec une température de surface d'environ 70 000 degrés Celsius. Il est responsable de l'ionisation du gaz qui l'entoure, le faisant briller vivement. La composition chimique de la nébuleuse du papillon est dominée par l'hydrogène et l'hélium, avec des traces d'autres éléments plus lourds.

Situé à une distance d'environ 2 100 années-lumière de la Terre, ce qui signifie que la lumière que nous voyons aujourd'hui a quitté la nébuleuse il y a 2 100 ans. Sa magnitude apparente est d'environ 13, ce qui la rend visible uniquement avec des télescopes moyens et grands.

L'un des faits les plus intéressants concernant la nébuleuse du papillon est sa forme bien définie et symétrique. Cette symétrie est inhabituelle dans les nébuleuses planétaires, où des structures plus irrégulières sont souvent observées. Les astronomes pensent que la symétrie de la nébuleuse du papillon est le résultat de l'interaction entre la matière éjectée de l'étoile centrale et un disque de poussière circumstellaire.

(Photo : NASA, ESA et J. Kastner (RIT))

De plus, des études récentes suggèrent que la nébuleuse pourrait subir une phase d'expansion alors que l'étoile centrale continue de perdre de la masse. Cela contribue à l'évolution dynamique de la nébuleuse dans le temps.

Cette nébuleuse est un objet de grand intérêt pour les astronomes, car elle fournit des informations précieuses sur l'évolution stellaire et les processus physiques qui se produisent lors de la formation des nébuleuses planétaires. Des études détaillées de cette nébuleuse ont été menées à l'aide de différentes longueurs d'onde, y compris des observations radio, infrarouge et rayons X, permettant aux scientifiques d'étudier différents aspects de sa structure et de sa composition.

Image : Hubble

CHAPITRE 35 : NGC 3242 – FANTÔME DE JUPITER

NGC 3242, également connue sous le nom de Space Phantom Nebula, est une nébuleuse planétaire située dans la constellation d'Hydra (Hydra). Elle est largement reconnue pour son apparence fantomatique et, comme la nébuleuse du papillon, elle intéresse beaucoup les astronomes et les passionnés d'espace.

NGC 3242 présente une structure très complexe. En son centre se trouve une étoile centrale brillante et chaude connue sous le nom de naine blanche. Cette étoile est le noyau résiduel d'une étoile semblable à notre Soleil qui a déjà épuisé son combustible nucléaire et projeté ses couches externes dans l'espace. L'étoile centrale émet un rayonnement ultraviolet intense, qui fait briller la nébuleuse.

La nébuleuse Space Phantom est composée principalement d'hydrogène et d'hélium, les éléments les plus abondants de l'univers. Cependant, il contient également une variété d'autres éléments tels que l'oxygène, l'azote et le carbone. Ces éléments sont créés au cœur des étoiles au cours de leur évolution et sont relâchés dans l'espace lorsque l'étoile se transforme en nébuleuse planétaire.

Par rapport à sa distance de la Terre, NGC 3242 est à environ 1 400 années-lumière. Cela signifie que la lumière que nous voyons aujourd'hui a quitté la nébuleuse il y a 1 400 ans. Sa magnitude apparente est d'environ 7, ce qui la rend visible à l'œil nu dans des conditions idéales et une cible fascinante pour l'observation au télescope.

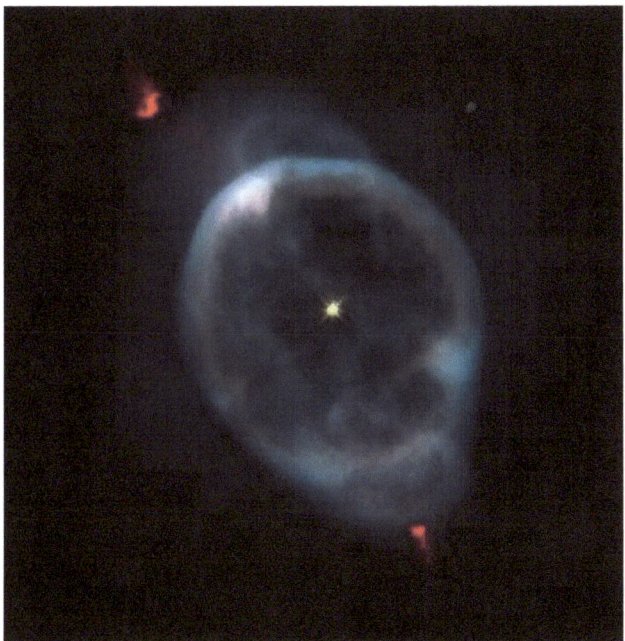

Fantôme Jupiter/ NASA/ESA

Une curiosité intéressante à propos de NGC 3242 est la présence de structures filamenteuses dans sa région centrale, qui s'étendent dans diverses directions. Ces structures sont formées de matière éjectée par l'étoile centrale lors de son stade de géante rouge, avant de devenir une nébuleuse planétaire. Les filaments sont le résultat d'interactions complexes entre l'étoile mourante et le milieu interstellaire environnant.

Crédits : NASA

Une autre caractéristique notable de NGC 3242 est la présence d'un anneau brillant de gaz ionisé autour de l'étoile centrale. Cet anneau est le résultat de forces dynamiques agissant sur la matière éjectée par l'étoile. Cette structure est une caractéristique commune à de nombreuses nébuleuses planétaires et est le résultat de l'interaction entre l'étoile centrale et le gaz qui l'entoure.

NGC 3242 est un objet de grand intérêt pour les astronomes, puisque son étude permet de mieux comprendre l'évolution stellaire et les processus physiques qui se produisent lors de la formation des nébuleuses planétaires. De plus, la nébuleuse offre également des informations sur l'abondance de différents éléments chimiques dans l'univers.

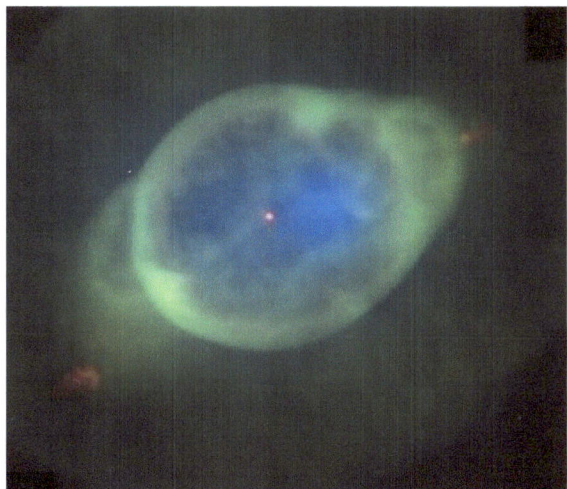

Cette image combine des données de rayons X collectées par le télescope XMM-Newton (bleu) avec des observations optiques de Hubble (vert et rouge). Crédit image : ESA/XMM-Newton/Y.-H. Chu / RA Gruendl / MA Guerrero / N. Ruiz / NASA / Hubble Team / A. Hajian / B. Balick.

CHAPITRE 36 : NÉBULEUSE DE L'HALTÈRE (HALTÈRE) M 17

NGC 6853, également connue sous le nom de nébuleuse de l'haltère (Dumbbell Nebula), est une nébuleuse planétaire située dans la constellation Vulpecula (Zorro). Cette nébuleuse est l'un des objets célestes les plus connus et étudiés en raison de son apparence particulière et de ses caractéristiques uniques.

La nébuleuse de l'haltère a une forme distinctive, ressemblant à la forme d'un "haltère" ou d'une cloche allongée. Il se compose d'une région centrale brillante, appelée "l'haltère interne", et de deux régions extérieures plus sombres, appelées "l'haltère externe". Cette structure particulière est le résultat de l'interaction entre l'étoile centrale mourante et la matière qui en est éjectée.

L'étoile centrale de NGC 6853 est une naine blanche extrêmement chaude et dense, résultat de l'évolution d'une étoile similaire à notre Soleil. Son rayonnement ultraviolet intense est chargé d'ioniser le gaz qui l'entoure, faisant briller la nébuleuse. La composition chimique de la nébuleuse comprend principalement de l'hydrogène et de l'hélium, les éléments les plus abondants de l'univers, ainsi que des traces d'oxygène, d'azote, de carbone et d'autres éléments plus lourds.

En termes de distance de la Terre, NGC 6853 est à environ 1 360 années-lumière. Cela signifie que la lumière que nous voyons aujourd'hui a quitté la nébuleuse il y a environ 1 360 ans. Avec une magnitude apparente d'environ 8, la nébuleuse de l'haltère peut être facilement vue avec un petit télescope ou des jumelles.

M27: The Dumbbell Nebula Image et Copyright: Bill Snyder (Photographie de Bill Snyder)

L'un des faits les plus intéressants concernant NGC 6853 est la présence de structures filamenteuses et de bulles autour de la nébuleuse. Ces caractéristiques sont le résultat d'interactions complexes entre l'étoile centrale et le milieu interstellaire. On pense que ces structures sont formées par des matériaux éjectés par l'étoile dans les premiers stades de son évolution.

Un autre aspect fascinant de la nébuleuse de l'haltère est son expansion dans l'espace environnant. Des études indiquent que la nébuleuse s'étend à une vitesse d'environ 31 km/s. Cette expansion révèle des informations importantes sur l'histoire évolutive de l'étoile centrale et les processus physiques qui se produisent lors de la formation des nébuleuses planétaires.

NGC 6853 est une cible populaire parmi les astronomes en raison de sa forme distinctive et de ses caractéristiques particulières. Grâce à des études et des observations détaillées à différentes longueurs d'onde, telles que la radio, l'infrarouge et les rayons X, les scientifiques peuvent obtenir des informations précieuses sur l'évolution stellaire, la dynamique des nébuleuses et la chimie de l'univers.

Image : Martin Pugh

CHAPITRE 37 : NÉBULEUSE DU HIBOU – MESSIER 97

NGC 3587

La nébuleuse du hibou, également connue sous le nom de M97 ou NGC 3587, est une nébuleuse planétaire située dans la constellation de la Grande Ourse. On lui donne le nom de "hibou" en raison de sa ressemblance avec les yeux brillants et perçants d'un hibou lorsqu'il est vu à travers un télescope.

Image : IL

La nébuleuse a une structure distinctive, composée d'un noyau brillant et de deux régions extérieures plus sombres, ressemblant aux "yeux" d'un hibou. Cette structure est formée de matière éjectée d'une étoile centrale mourante, qui est devenue une naine blanche chaude et dense.

L'étoile centrale de la nébuleuse du hibou est responsable de l'ionisation du gaz qui l'entoure, ce qui fait briller la nébuleuse. La composition chimique de cette nébuleuse est similaire à celle d'autres nébuleuses planétaires, étant principalement composée d'hydrogène et d'hélium, ainsi que de traces d'éléments plus lourds tels que l'oxygène, le carbone et l'azote.

En termes de distance de la Terre, la nébuleuse de la Chouette est à environ 2 030 années-lumière. Cela signifie que la lumière que nous voyons aujourd'hui a quitté la nébuleuse il y a environ 2 030 ans. D'une magnitude apparente d'environ 9, elle peut être vue avec un télescope amateur.

L'un des faits les plus intéressants concernant la nébuleuse du hibou est sa forme symétrique et sa ressemblance avec le visage d'un hibou. Cette caractéristique intrigante est le résultat de l'interaction entre l'étoile centrale et la matière éjectée, ainsi que les structures internes de la nébuleuse.

De plus, des études récentes ont révélé la présence d'une structure filamentaire complexe au sein de la nébuleuse, qui pourrait être le résultat de l'interaction entre la matière éjectée et les champs magnétiques. Cette structure filamentaire contribue à la compréhension des processus physiques qui se produisent lors de la formation des nébuleuses planétaires.

La nébuleuse de la Chouette est un objet céleste d'un grand intérêt pour les astronomes, car elle fournit des informations précieuses sur l'évolution stellaire et les dernières étapes de la vie d'une étoile. Des études détaillées de cette nébuleuse permettent d'étudier la dynamique de la matière éjectée, les interactions avec le milieu interstellaire et la distribution des éléments chimiques dans l'univers.

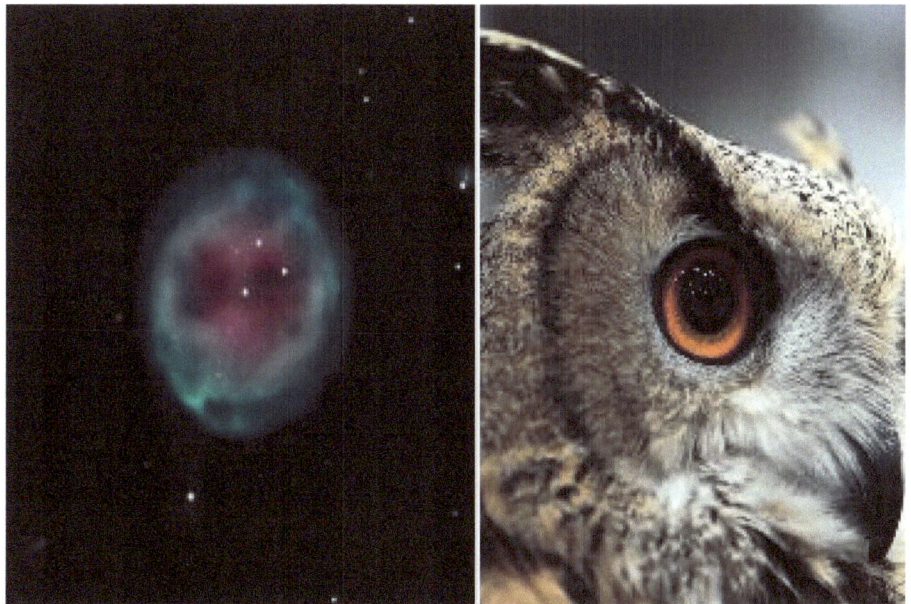

Image : reproduction photo

CHAPITRE 38: IC 3568 - TRANCHE DE CITRON

IC 3568 est une nébuleuse planétaire située dans la constellation de Camelopardalis (Caméléon).

La nébuleuse IC 3568 est formée par une étoile centrale mourante, connue sous le nom de naine blanche, entourée de matière éjectée lors de la phase de géante rouge de son évolution. L'étoile centrale émet un rayonnement ultraviolet intense, qui ionise le gaz environnant et fait briller la nébuleuse.

En termes de composition chimique, IC 3568 est composé principalement d'hydrogène et d'hélium, les éléments les plus abondants dans l'univers. Cependant, il contient également des traces d'autres éléments plus lourds tels que l'oxygène, l'azote et le carbone. Ces éléments se forment au cœur des étoiles au cours de leur évolution et sont relâchés dans l'espace lorsque l'étoile se transforme en nébuleuse planétaire.

IC 3568 est situé à une distance d'environ 2,9 kiloparsecs de la Terre. Cela signifie que la lumière que nous voyons aujourd'hui a quitté la nébuleuse il y a environ 3 000 ans. Avec une magnitude apparente d'environ 10, IC 3568 peut être vue à l'aide d'un télescope amateur.

Une curiosité intéressante à propos d'IC 3568 est la présence de structures filamenteuses à l'intérieur. Ces structures peuvent être le résultat d'interactions complexes entre l'étoile centrale et le matériau éjecté, ainsi que des forces magnétiques présentes dans la région. Ces filaments contribuent à l'aspect distinctif de la nébuleuse.

De plus, des études récentes montrent que l'IC 3568 subit un processus d'expansion asymétrique. Cela suggère que la nébuleuse interagit dynamiquement avec le milieu interstellaire environnant. Ces dynamiques complexes peuvent fournir des informations précieuses sur les processus physiques impliqués dans l'évolution des nébuleuses planétaires.

IC 3568 est un objet d'intérêt pour les astronomes, car son étude contribue à la compréhension de l'évolution stellaire, des dernières étapes de la vie des étoiles et des processus chimiques dans l'univers. Grâce à des observations détaillées et à une analyse spectroscopique, les scientifiques peuvent obtenir des informations sur la distribution des éléments chimiques dans la nébuleuse et les interactions physiques en cours.

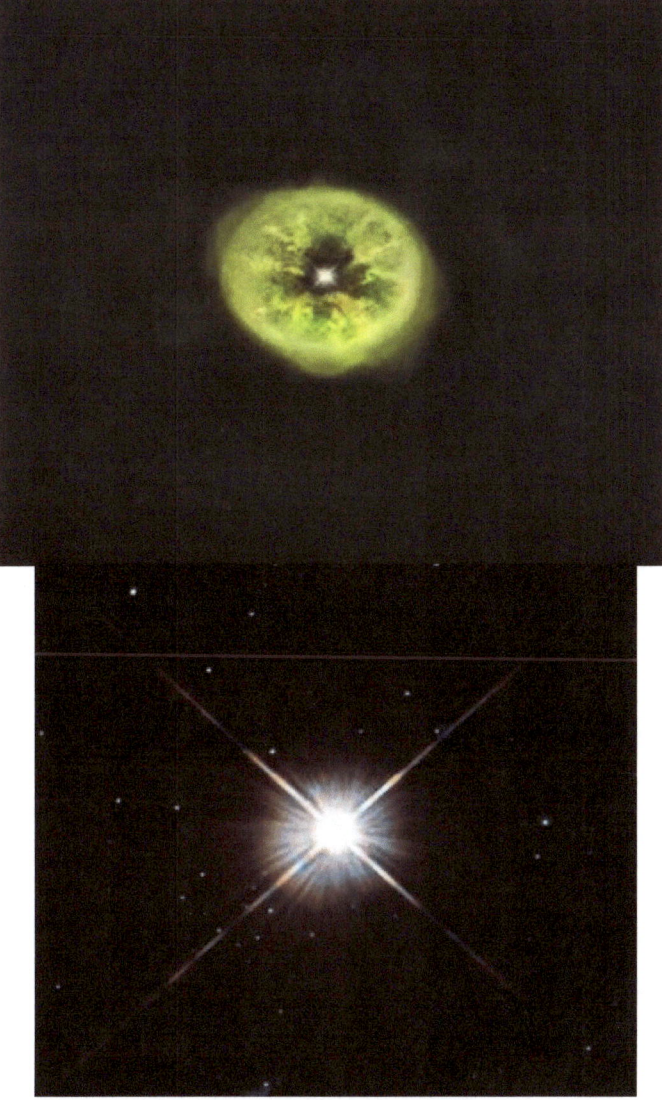

Lecture de photos d'images

CHAPITRE 39 : NGC 6369

NGC 6369, également connue sous le nom de nébuleuse Homunculus ou la petite nébuleuse fantôme, est une nébuleuse planétaire située dans la constellation Ophiuchus (Ophiuchus). Cette nébuleuse est connue pour son apparence intrigante et ses caractéristiques uniques.

La nébuleuse Homunculus tire son nom de sa ressemblance avec la forme d'un petit fantôme, ou homoncule, lorsqu'elle est vue dans des images haute résolution. Il est composé de matière éjectée d'une étoile centrale mourante, qui s'est transformée en une naine blanche chaude et dense. L'étoile centrale émet un rayonnement ultraviolet intense, qui ionise le gaz environnant et fait briller la nébuleuse.

Concernant la composition chimique, NGC 6369 est composé principalement d'hydrogène et d'hélium, les éléments les plus abondants dans l'univers. Cependant, il contient également des éléments plus lourds, tels que l'oxygène, l'azote et le carbone, qui ont été synthétisés dans le noyau de l'étoile au cours de son évolution et libérés dans l'espace lors de la formation d'une nébuleuse planétaire.

La distance entre la nébuleuse Homunculus et la Terre est estimée à environ 3 600 années-lumière. Cela signifie que la lumière que nous voyons aujourd'hui a quitté la nébuleuse il y a environ 3 600 ans. Avec une magnitude apparente d'environ 12, NGC 6369 peut être vu avec des télescopes amateurs, bien que des télescopes plus grands soient préférés pour une meilleure visualisation de ses détails.

L'un des faits les plus fascinants concernant NGC 6369 est la présence de structures complexes et symétriques en son sein. Ces structures, qui ressemblent à des couches concentriques ou à des bulles, sont le résultat d'interactions entre l'étoile centrale et la matière éjectée. Ces interactions peuvent être influencées par la présence de champs magnétiques et peuvent fournir des informations importantes sur les processus physiques impliqués dans la formation des nébuleuses planétaires.

Une autre curiosité notable est la présence d'une étoile naine blanche secondaire dans la nébuleuse Homunculus. Cette étoile est appelée le "compagnon invisible" et n'a été détectée qu'indirectement par des études spectroscopiques. La présence de cette étoile compagne soulève des questions intrigantes sur la formation et l'évolution des nébuleuses planétaires.

NGC 6369 est un objet céleste d'un grand intérêt pour les astronomes, car son étude contribue à la compréhension de l'évolution stellaire, des processus d'éjection de matière et des interactions complexes entre étoiles et gaz. Grâce à des observations détaillées et à une analyse spectroscopique, les scientifiques peuvent obtenir des informations précieuses sur la chimie de l'univers et les dernières étapes de la vie des étoiles.

Crédit : ESO/P. Weilbacher (AIP)

CHAPITRE 40 : NGC 7009 –
NÉBULEUSE DE SATURNE

NGC 7009, également connue sous le nom de nébuleuse Saturne ou nébuleuse Eskimo, est une nébuleuse planétaire située dans la constellation du Verseau (Verseau). Cette nébuleuse est célèbre pour son apparence semblable à celle de Saturne dans les images télescopiques en raison d'un anneau brillant qui l'entoure.

Formé par une étoile centrale mourante, devenue une naine blanche chaude et dense. Au cours de la phase géante rouge de son évolution, l'étoile centrale a éjecté des couches externes de gaz dans un processus connu sous le nom d'éjection d'enveloppe. L'interaction entre le rayonnement ultraviolet intense de l'étoile centrale et le gaz expulsé fait briller la nébuleuse.

En termes de composition chimique, NGC 7009 est composé principalement d'hydrogène et d'hélium, les éléments les plus abondants dans l'univers. De plus, il contient des traces d'éléments plus lourds, tels que l'oxygène, l'azote et le carbone, qui sont synthétisés au cœur des étoiles au cours de leur évolution et libérés dans l'espace lorsque l'étoile se transforme en nébuleuse planétaire.

La distance entre la nébuleuse Saturne et la Terre est estimée à environ 2 900 années-lumière. Cela signifie que la lumière que nous voyons aujourd'hui a quitté la nébuleuse il y a environ 2 900 ans. Avec une magnitude apparente d'environ 8, NGC 7009 peut être observé avec des télescopes amateurs, bien que des télescopes plus grands soient préférés pour une vue plus détaillée de ses caractéristiques.

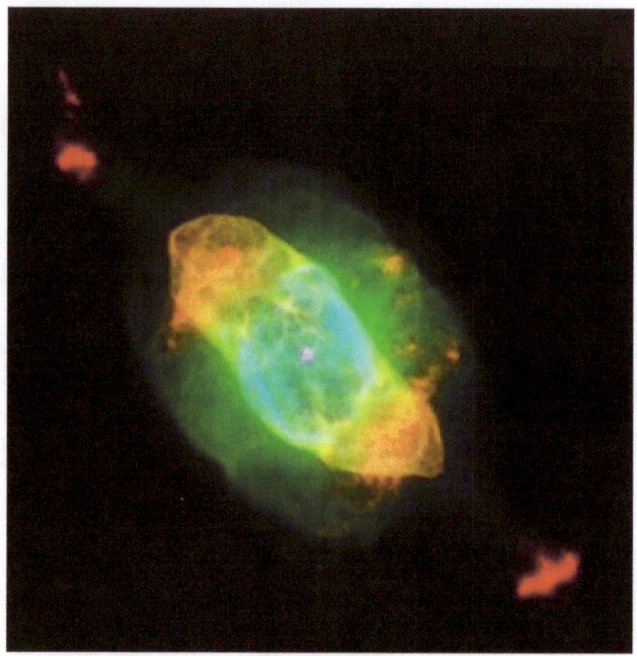

ESA/Hubble

Une curiosité fascinante à propos de NGC 7009 est la présence d'un anneau brillant qui l'entoure. Cet anneau est composé de matière éjectée de l'étoile centrale et est ionisé par le rayonnement ultraviolet de l'étoile, le rendant visible. La forme et la structure de cet anneau fournissent des informations précieuses sur la dynamique du matériau et les processus physiques impliqués dans la formation des nébuleuses planétaires.

Crédit : ESO/J. Walsh

Une autre curiosité intéressante est la présence de deux lobes d'émission symétriques de part et d'autre de l'étoile centrale. Ces lobes sont le résultat de l'interaction entre le vent stellaire de l'étoile centrale et la matière éjectée, formant des régions de gaz hautement ionisé et incandescent.

La nébuleuse de Saturne est un objet d'étude important pour les astronomes, car elle fournit des informations précieuses sur l'évolution stellaire, les processus d'éjection de matière et les interactions étoiles-gaz. Des études détaillées de cette nébuleuse aident à percer les mystères des dernières étapes de la vie des étoiles et à comprendre la chimie de l'univers.

Observatoire FLC

CHAPITRE 41 : NGC 2392

NGC 2392, également connue sous le nom de nébuleuse Eskimo, est une nébuleuse planétaire située dans la constellation des Gémeaux (Gémeaux). Cette nébuleuse est célèbre pour son aspect esquimau particulier.

La nébuleuse Eskimo est formée par une étoile centrale mourante, qui a traversé la phase de géante rouge et éjecté ses couches externes de gaz dans l'espace. L'étoile centrale, maintenant une naine blanche chaude, émet un rayonnement ultraviolet intense qui ionise le gaz environnant et fait briller la nébuleuse.

Concernant la composition chimique, NGC 2392 est composé principalement d'hydrogène et d'hélium, les éléments les plus abondants dans l'univers. De plus, il contient des traces d'éléments plus lourds, tels que l'oxygène, le carbone et l'azote, qui ont été synthétisés dans le cœur de l'étoile au cours de son évolution et libérés dans l'espace lors de la phase d'éjection de l'enveloppe.

La distance de la nébuleuse Eskimo à la Terre est estimée à environ 2 870 années-lumière. Cela signifie que la lumière que nous voyons aujourd'hui a quitté la nébuleuse il y a environ 2 870 ans. Avec une magnitude apparente d'environ 10, NGC 2392 peut être vu à l'aide de télescopes amateurs, bien que des télescopes plus grands soient recommandés pour mieux voir ses détails.

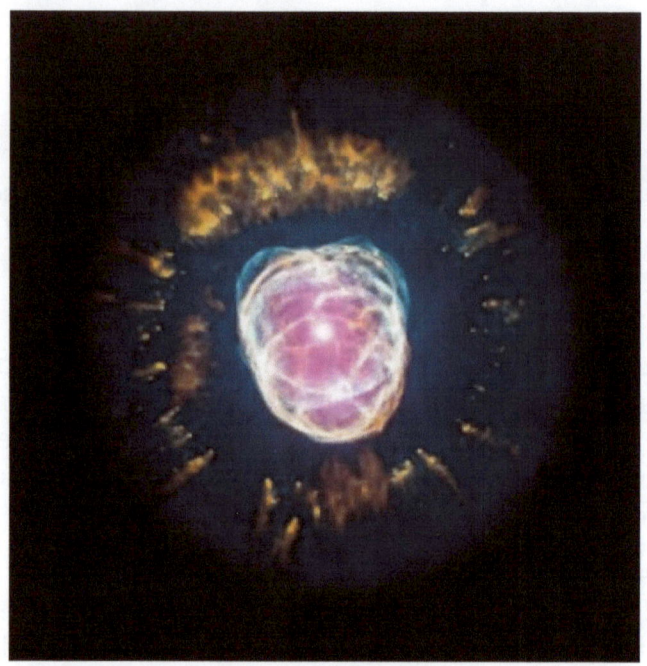

NGC 2392 de Hubble et ChandraCrédit image : X-Ray : NASA/
CXC/IAA-CSIC/N. Ruiz et al. ; Optique : NASA/STScI

Une curiosité fascinante à propos de NGC 2392 est la présence d'une structure centrale brillante, qui ressemble à un disque dense ou à un anneau de gaz. Ce disque est le résultat de l'interaction entre le vent stellaire de l'étoile centrale et le gaz expulsé. La forme et la structure de ce disque fournissent des informations importantes sur les processus physiques impliqués dans la formation des nébuleuses planétaires.

Une autre caractéristique intéressante de la nébuleuse Eskimo est la présence de structures filamenteuses et de bulles de gaz en son sein. Ces structures sont formées par des interactions complexes entre la matière éjectée et le milieu interstellaire environnant. L'étude de ces structures peut fournir des informations sur les mécanismes d'expansion et d'évolution des nébuleuses planétaires.

NGC 2392 est un objet de grand intérêt pour les astronomes, car son étude contribue à la compréhension de l'évolution stellaire, des dernières étapes de la vie des étoiles et des processus physiques impliqués dans la formation des nébuleuses planétaires. Des observations détaillées et des analyses spectroscopiques permettent d'étudier la composition chimique de la nébuleuse, ses propriétés physiques et son interaction avec le milieu interstellaire.

CHAPITRE 42: IC 2177 – NÉBULEUSE DE LA MOUETTE

La belle nébuleuse de la mouette, également connue sous le nom d'IC 2177, est une nébuleuse située dans la constellation de Monoceros (Licorne). Cette nébuleuse tire son nom de sa ressemblance avec une mouette en plein vol, aux ailes déployées.

Composé d'un mélange de gaz et de poussière cosmique, où se produisent d'intenses processus de formation d'étoiles. En son centre se trouve un amas d'étoiles jeune et massif, qui émet un rayonnement ultraviolet et de forts vents stellaires. Ce rayonnement et ces vents stellaires façonnent la nébuleuse, créant ses caractéristiques distinctives.

(photo publiée avec l'aimable autorisation de Bob Franke)

Quant à la composition chimique, la nébuleuse est composée principalement d'hydrogène, l'élément le plus abondant dans l'univers. De plus, il contient des traces d'éléments plus lourds tels que l'oxygène, le carbone et l'azote. Ces éléments sont synthétisés dans les jeunes étoiles de l'amas central et relâchés dans l'espace au cours de leur évolution.

La distance entre IC 2177 et la Terre est estimée à environ 3 800 années-lumière. D'une magnitude apparente relativement faible, la nébuleuse de la Mouette nécessite généralement un télescope pour une observation plus rapprochée.

Une curiosité fascinante à propos de la nébuleuse de la mouette est la présence de gros filaments de poussière sombre qui contrastent avec la lumière brillante des étoiles et le gaz ionisé. Ces filaments sont formés par la présence de nuages moléculaires denses qui bloquent la lumière des étoiles situées derrière eux. Cette interaction entre la poussière et le rayonnement stellaire crée un paysage cosmique époustouflant.

Une autre caractéristique intrigante est la présence de régions actives de formation d'étoiles, où de jeunes étoiles sont générées à partir de l'effondrement gravitationnel de nuages de gaz et de poussière. Ces jeunes étoiles sont extrêmement lumineuses et émettent un rayonnement intense, contribuant à l'illumination de la nébuleuse.

La nébuleuse de la Mouette est un objet de grand intérêt pour les astronomes, puisque son étude fournit des informations précieuses sur la formation des étoiles et l'évolution des galaxies. L'interaction entre l'amas d'étoiles central, les vents stellaires et les nuages moléculaires offre un aperçu unique des processus physiques impliqués dans la formation des étoiles et de la dynamique du milieu interstellaire.

(photo gracieuseté de Carlos Taylor)

CHAPITRE 43 : NGC 1491

NGC 1491 est situé à une distance estimée à environ 10 000 années-lumière de la Terre. Cette distance peut varier en fonction des mesures et calculs astronomiques les plus récents.

En termes de composition physique et chimique, NGC 1491 est classée comme une nébuleuse à émission. Ces nébuleuses sont éclairées par de jeunes étoiles chaudes, dont le rayonnement ionise le gaz de la nébuleuse, lui faisant émettre de la lumière de différentes couleurs.

La nébuleuse est composée principalement d'hydrogène moléculaire (H2), mais elle contient également d'autres éléments présents dans le milieu interstellaire, comme l'hélium et des traces d'éléments plus lourds.

NGC 1491 a quelques particularités intéressantes, ayant une apparence allongée et une structure filamenteuse distinctive, avec des filaments de gaz incandescent s'étendant à travers la nébuleuse. Ces filaments sont constitués d'un matériau ionisé par le rayonnement intense des étoiles proches.

De plus, NGC 1491 présente également une région plus dense et plus sombre en son centre, connue sous le nom de nébuleuse sombre. Ces zones sont constituées de nuages de poussière cosmique qui bloquent la lumière des étoiles d'arrière-plan, créant un contraste saisissant avec le gaz incandescent qui les entoure.

Crédits: Chancelier de TA (Université d'Alaska Anchorage),
H. Schweiker et S. Pakzad (NOIRLab/NSF/AURA)

On pense que NGC 1491 est une région de formation active d'étoiles, où de nouvelles étoiles sont générées à partir de l'effondrement gravitationnel de nuages de gaz et de poussière. Les jeunes étoiles massives de la nébuleuse émettent un rayonnement intense, ionisant le gaz environnant et créant le spectacle visuel que nous pouvons voir.

L'observation de nébuleuses telles que NGC 1491 nous aide à mieux comprendre la formation et l'évolution des étoiles, ainsi qu'à fournir des informations sur la composition et la dynamique du milieu interstellaire. Ces magnifiques structures cosmiques font l'objet de fascination et d'investigation permanente de la part des astronomes.

Créateur : Ken Crawford / Copyright : Ken Crawford
Observatoire de Rancho Del Sol

CHAPITRE 44 : NGC 1535

NGC 1535 est situé à une distance d'environ 5 500 à 7 500 années-lumière de la Terre. Il est à noter que les distances astronomiques peuvent varier selon les mesures et calculs les plus récents.

En termes de composition physique et chimique, NGC 1535 est classée comme une nébuleuse planétaire. Contrairement aux nébuleuses à émission, les nébuleuses planétaires se forment tard dans l'évolution stellaire, lorsqu'une étoile semblable au Soleil épuise son combustible nucléaire et éjecte ses couches externes dans l'espace.

La composition de NGC 1535 est dominée par des gaz raréfiés tels que l'hélium et l'hydrogène, qui sont des vestiges de l'étoile mère. La nébuleuse planétaire peut également contenir des éléments plus lourds, tels que l'azote, l'oxygène et le carbone, qui ont été produits à l'intérieur de l'étoile au cours de sa vie.

NGC 1535 a quelques bizarreries intéressantes. Il a une apparence sphérique ou légèrement elliptique, avec un noyau brillant et une région externe plus diffuse. La forme et la structure de la nébuleuse sont le résultat de l'interaction complexe entre l'étoile centrale mourante et la matière éjectée pendant la phase de nébuleuse planétaire.

Une caractéristique notable de NGC 1535 est la présence d'un mince disque de matière entourant l'étoile centrale. Ce disque est visible de profil, projetant une ombre sur la nébuleuse environnante. La formation et la nature exactes de ces disques font toujours l'objet d'études et de recherches en astronomie.

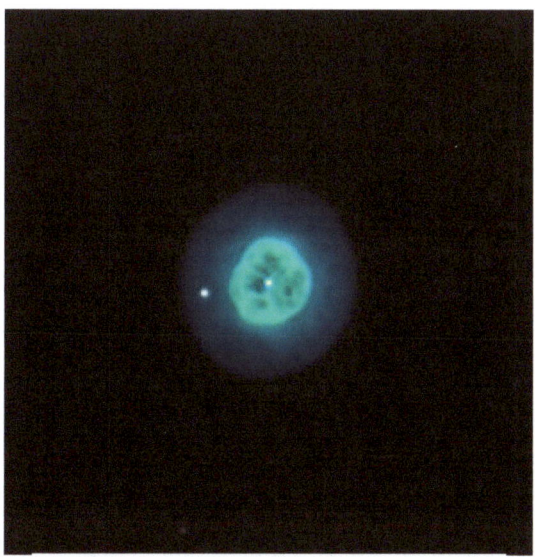

Adam Block (Observatoire du Mont Lemmon).

L'étoile centrale de NGC 1535 est une naine blanche, un objet stellaire chaud et dense qui s'est formé à partir du noyau résiduel de son étoile mère. Cette étoile émet un rayonnement ultraviolet intense, qui ionise le gaz de la nébuleuse, lui faisant émettre de la lumière visible.

L'observation et l'étude des nébuleuses planétaires, telles que NGC 1535, sont essentielles pour comprendre l'évolution stellaire et le sort éventuel des étoiles similaires à notre Soleil. Ces nébuleuses fournissent des informations sur les processus physiques et chimiques qui se produisent pendant la phase de nébuleuse planétaire et elles nous aident à reconstituer l'histoire des étoiles qui les ont créées.

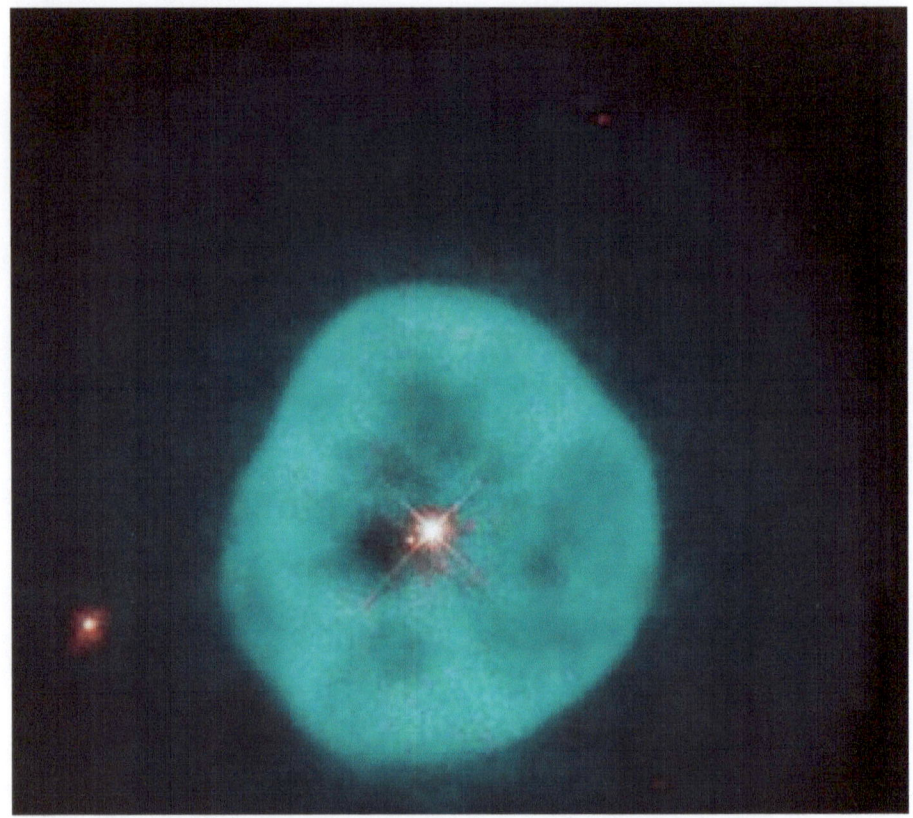

Crédit image : NASA/ESA/Bond et al. /Gladys Kober, NASA
et l'Université catholique d'Amérique.

CONSIDÉRATIONS FINALES

Alors que nous explorons les régions vastes et énigmatiques de l'espace, nous sommes impressionnés par la complexité et la beauté des nébuleuses. Ces nuages cosmiques de gaz et de poussière nous racontent des histoires fascinantes sur la formation et l'évolution de l'Univers. Des nébuleuses d'émission aux nébuleuses de réflexion, chacune possède des caractéristiques physiques et chimiques uniques, révélant des secrets qui nous permettent de percer les mystères de la cosmologie.

Les nébuleuses sont des pépinières stellaires, où de nouvelles étoiles naissent et grandissent. Ce sont des champs d'énergie et de matière en constante transformation, où les éléments primordiaux sont forgés par d'intenses réactions nucléaires. Les processus de formation d'étoiles se produisent au milieu de la danse cosmique de la gravité, de la pression et du rayonnement, créant un spectacle éblouissant.

Ces vastes régions de gaz et de poussière sont non seulement belles, mais abritent également des curiosités intrigantes. Des jeunes étoiles massives qui façonnent leur environnement aux panaches de poussière sombre qui résistent à la lumière, les nébuleuses nous présentent une variété de phénomènes fascinants.

Chaque nébuleuse est unique, avec ses propres caractéristiques et particularités. Certains affichent des formes particulières, telles que des anneaux, des filaments ou des structures allongées, tandis que d'autres nous surprennent avec des couleurs vibrantes et des contrastes dramatiques. Chaque observation révèle des détails qui nous rapprochent de la compréhension de la façon dont les forces cosmiques interagissent et façonnent l'Univers.

Outre leur beauté et leur complexité, les nébuleuses jouent un rôle clé dans notre compréhension du cosmos. Ils fournissent des indices importants sur la formation des étoiles et des planètes, ainsi que sur l'évolution stellaire et la physique des processus cosmiques. En étudiant les nébuleuses, nous nous embarquons dans un voyage de découverte scientifique qui nous aide à percer les secrets de l'Univers.

Alors que nous concluons notre exploration du monde des nébuleuses, nous nous rappelons qu'il y a beaucoup à découvrir au-delà de nos yeux. Chaque nébuleuse est un humble rappel de l'immensité et des merveilles de l'espace, nous incitant à poursuivre notre quête de connaissances et à explorer les mystères qui se cachent au-delà de l'horizon.

Les nébuleuses nous invitent à contempler la beauté de l'Univers, à chercher des réponses à des questions profondes et à repousser les limites de notre compréhension. Puisse ce voyage dans les nébuleuses et au-delà ne jamais cesser, alors qu'elles continuent de nous captiver et de nous défier, nous rappelant que nous faisons partie d'un vaste cosmos rempli de merveilles encore inconnues.

RÉFÉRENCES BIBLIOGRAPHIQUES

Hubble passe à la haute définition pour revisiter les "piliers de la création" emblématiques".POT. 5 janvier 2015. Consulté le 6 janvier 2023.

Bejger, M.; En ligneHaensel, P. (2003). "Accélération de l'expansion de la nébuleuse du crabe et évaluation de ses paramètres d'étoile à neutrons". Astronomie et astrophysique (en anglais). 405. pp. 747–751.

Bietenholz, MF; Kronberg, PP; Hogg, DE; Wilson, AS (1991). "L'Expansion de la Nébuleuse du Crabe". Lettres du journal astrophysique. 373. p. L59-L62.

Bowyer, S.; Byram, ET; Chubb, TA ; Friedman, H. (1964). "Occultation lunaire de l'émission de rayons X de la nébuleuse du crabe". Science. 146 (3646). pages. 912–917.

Curtis, Heber D. (1918). "Nébuleuses planétaires". Publications de l'Observatoire Lick (en anglais) (13). pages. 55–74.

Duncan, John C. (1921). "Les changements observés dans la Nébuleuse du Crabe en Taureau.". Actes de l'Académie nationale des sciences des États-Unis d'Amérique. 7 p. 179–80.

Flagey, Nicolas; et coll. (janvier 2009). "La Nébuleuse de l'Aigle Révélé par l'Enquête Spitzer/MIPSGAL". Bulletin de la Société astronomique américaine. 41(1):37.

Frommert, Hartmut; Kronberg, Christine (18 juin 2007)."Charles Messier (26 juin 1730 - 12 avril 1817)".Étudiants pour l'exploration et le développement de l'espace (SEDS). Consulté le 7 janvier 2023.

GURZADYAN, GA (1997). La physique et la dynamique des nébuleuses planétaires. [SL] : Springer. ISBN 9783540609650

En ligneHARPAZ, A. (1994). Évolution stellaire. [FR] : AK Peters.

ISBN 978-1-568-81012-6

ILIADIS, Christian (2007). Physique nucléaire des étoiles. Manuel de physique. [Sl] : Wiley-VCH. ISBN 978-3-527-40602-9.

KWOK, Sol (2000). L'origine et l'évolution des nébuleuses planétaires. [SL] : Cambridge University Press. ISBN 978-0521623131.

Lampland, Carl O. (1921). "Les changements observés dans la structure de la nébuleuse du "Crabe" (NGC 1952)". Publications de la Pacific Astronomical Society. 33. p. 79–84.

En ligneLundmark, K. (1921). "Soupçons de nouvelles étoiles enregistrées dans les chroniques anciennes et parmi les récentes observations méridiennes". Publications de la Pacific Astronomical Society. 33. 225 pages.

MacAlpine, Gordon M.; Ecklund, Tait C.; Lester, William R.; Vanderveer, Steven J.; Strolger, Louis-Grégoire (2007). "Une étude spectroscopique du processus nucléaire et de la production de lignes anormalement fortes dans la nébuleuse du Crabe". Revue astronomique. 133(1). pages. 81–88.

Minkowski, R. (1942). "La Nébuleuse du Crabe". Revue d'Astrophysique. 96. p. 199.

NOUVEAU | Origines | Les piliers de la création image 1». PBS. Consulté le 6 février 2023.

OSTERBROCK, DE; En ligneFerland, GJ (2006). Astrophysique des nébuleuses gazeuses et des noyaux galactiques actifs 2e éd. [Sl] : Livres scientifiques universitaires. ISBN 978-1-891-38934-4.

Sanford, Roscoe F. (1919). « Spectre de la nébuleuse du crabe ». Publications de la Pacific Astronomical Society. 31, p. 108–9.

Shiga, David (10 janvier 2007)."'Piliers de la Création' Détruits par Supernova". Consulté le 4 janvier 2022.

Shklovski, Iosif (1953). "Sur la nature de l'émission optique de la nébuleuse du Crabe". Doklady Akademii Nauk SSSR (en anglais). 90. p. 983.

Slipher, Vesto M. (1915). "Nature". Nature (en anglais). 95. 185

pages.code bib:1915Nature..95..185S.

Trimble, Virginie Louise (1973). "La distance à la nébuleuse du crabe et NP 0532". Publications de la Pacific Astronomical Society. 85 (507). P. 579.code bib:1973PASP...85...579T.Fait mal:10.1086/129507.

ZEILIK, Michael A.; Gregory, Stephan A. (1998). Introduction à l'astronomie et à l'astrophysique. [Sl] : Éditions du Collège Saunders. ISBN 00-30062-28-4

À PROPOS DE L'AUTEUR

Jose Ruiz Watzeck

Journaliste, écrivain, auteur, géographe, mathématicien, professeur, neuropsychopédagogue, spécialiste de l'enseignement supérieur, diplômé en audit, gestion et licence environnementale, diplômé en géotraitement et géoréférencement, pédagogue.

LIVRES DE CET AUTEUR

Compendium D'astrophysique: Les Étoiles De L'univers

"Découvrez les beautés et les mystères de l'univers à travers un étonnant voyage dans les étoiles ! La collection d'astrophysique " Les étoiles de l'univers " est un ouvrage fascinant qui présente au lecteur tout ce qu'il faut savoir sur les étoiles, de leur formation à leur effondrement.

Dans un langage clair et objectif, l'auteur emmène le lecteur dans un voyage à travers l'espace, explorant ce que notre univers a de plus fascinant. En outre, le livre comporte des illustrations incroyables et des informations précises sur les types d'étoiles, la façon dont elles meurent, comment elles sont étudiées par les scientifiques et bien plus encore.

Si vous êtes passionné d'astronomie, d'astrophysique, de sciences ou si vous aimez tout simplement explorer l'univers, ce livre est fait pour vous ! Ne manquez pas l'occasion d'embarquer dans ce fascinant voyage et d'apprendre à connaître les étoiles comme jamais auparavant !"

www.ingramcontent.com/pod-product-compliance
Lightning Source LLC
Chambersburg PA
CBHW050806290526
45792CB00001B/4